多无人机自主协同任务规划

凌海风　郑宇军　王海涛　苏正炼　著

科学出版社

北京

内 容 简 介

无人化、智能化多平台自主协同作战是高技术信息化战争的一个重要发展方向，其中多无人机在复杂环境下的自主协同任务规划能力，对提高作战任务效能、掌握战争主动权具有重要意义。本书系统阐述了面向各类典型作战运用任务的多无人机协同规划的背景、原理和方法，包括多无人机协同编组、多无人机协同侦察、多无人机协同巡弋、多无人机协同搜索、人机协同优化搜索、多无人机协同察打和对敌无人机群的反制等内容，能够有效促进多无人机协同作战领域的基础研究、技术发展和推广应用。本书注重基础理论知识阐述和智能算法的应用，力求使广大读者能快速了解和掌握多无人机的自主协同任务规划方法。

本书适合无人机作战技术与指挥及相关专业高年级本科生和研究生学习使用，也可供从事无人机设计的相关人员，以及无人机集群作战战术战法研究和无人机智能集群作战发展规划的决策人员参考。

图书在版编目(CIP)数据

多无人机自主协同任务规划 / 凌海风等著. —北京：科学出版社，2022.11
ISBN 978-7-03-071994-2

Ⅰ.①多… Ⅱ.①凌… Ⅲ.①无人驾驶飞机-自动飞行控制-研究 Ⅳ.①V279

中国版本图书馆CIP数据核字(2022)第051076号

责任编辑：朱英彪 / 责任校对：任苗苗
责任印制：吴兆东 / 封面设计：蓝正设计

科 学 出 版 社 出版
北京东黄城根北街 16 号
邮政编码：100717
http://www.sciencep.com
北京中科印刷有限公司 印刷
科学出版社发行 各地新华书店经销

*

2022 年 11 月第 一 版 开本：720 × 1000 1/16
2022 年 11 月第一次印刷 印张：13
字数：262 000

定价：98.00 元
（如有印装质量问题，我社负责调换）

前　言

无人机在军用和民用领域都有着广泛的应用前景。随着人工智能技术的发展，基于生物集群行为，通过无人机彼此间的紧密协作，实现整体效能远大于单体效能总和的无人机智能集群，成为无人机系统应用的重要发展趋势。

在近年来的叙利亚内战、也门冲突、纳卡冲突等战争中，无人机集群作战已初显锋芒。在复杂的战场环境中，无人机集群可自主进行协同任务分配、编组、搜索、侦察与打击，体现高效的整体作战能力，特别是在非对称作战中扮演重要角色，从而改变未来战争的作战形态。相应地，针对无人机集群的防御和对抗研究的紧迫性也接踵而来。

多无人机的任务规划是根据无人机所要完成的任务需求、环境态势、无人机数量及其任务载荷的不同，对无人机完成具体作战任务的预先设定与统筹管理，以实现多无人机分工合作、协同作战，提高任务执行成功率和效率，同时降低任务风险，这是多无人机及更大规模的无人机集群协同作战的一个关键问题。此外，通过人机协同规划，实现人类智能与机器智能的互补与融合，也是多无人机协同任务规划的一个重要方向。多无人机的协同任务规划，涉及群体智能、优化算法、机器学习、博弈论等多学科技术，吸引了国内外研究者的广泛兴趣。

作者在国防科技创新特区项目(17-163-11-ZT-001-001-01)、国家自然科学基金项目(61473263，61872123)、陆军装备科研项目(LJ20202C050445)、浙江省自然科学基金项目(LR20F030002)等课题的持续支持下，对多无人机自主协同规划理论与技术开展了长期深入的理论、技术和应用研究。本书是对这些相关研究成果及国内外最新研究进展的系统总结，旨在促进多无人机协同作战领域的基础研究、技术发展和推广应用。

本书共 8 章。第 1 章主要介绍无人机的自主性和自主控制、多无人机的协同控制、协同任务规划、协同作战及其反制等内容。第 2 章主要介绍多无人机协同编组控制和多编组控制策略。第 3 章主要介绍针对任务区域和任务目标两类情况的多无人机协同侦察任务建模与求解。第 4 章主要介绍多自主反辐射无人机在不确定条件下的巡弋规划与控制模型和方案。第 5 章主要介绍针对任务先验概率已知和先验概率未知两种不同的任务场景下多无人机搜索的模型和机制。第 6 章主要介绍针对我方失踪人员和敌方移动目标的人机协同搜索规划的问题模型和规划方法。第 7 章主要介绍同构的察打一体多无人机在简单先验环境和复杂不确定环境下的问题模型和规划方法。第 8 章主要介绍应对敌无人机群搜索的假目标干扰方法、应对敌无人机群侦察的自动防空系统配置方法和应对敌无人机群察打的无人机对抗攻击方法。

本书由陆军工程大学的凌海风教授、王海涛副教授、苏正炼副教授和杭州师范大学的郑宇军教授等撰写,由凌海风教授进行统稿。贺伟雄、朱涛、罗宏川、亢昭、王玥、廖敏慧等研究生参与了相关研究和书稿撰写工作。

由于作者经验和水平有限,书中内容难免存在不妥之处,衷心希望广大读者提出宝贵意见和建议。

作　者

2022 年 3 月

目　　录

第1章 绪 论

无人机(unmanned aerial vehicle, UAV)作为一种新型的空中力量,在军事领域(如搜索、侦察、打击)和民用领域(如搜救、监测)都有着广阔的应用前景,特别是在危险、偏远或恶劣的环境下,无人机系统已开始逐渐替换有人机系统。在现代战争中,面对复杂多变的战场环境,通过多无人机协同控制,可实现无人机集群整体作战效能远大于单无人机独立作战效能的总和,这大大加速了战争形态向无人化、智能化演进。2018年1月,叙利亚反对派从50km外远程操控13架无人机对俄驻叙利亚的赫梅米姆空军基地和塔尔图斯海军基地发起攻击。2019年9月,正在也门与胡塞武装激战的沙特,其国内石油设施突然遭到18架无人机及其引导的导弹袭击,袭击造成沙特石油产能减半,世界油价上涨近20%,可谓以小博大。在2020年9月的纳卡冲突中,阿塞拜疆军队大量使用TB2察打一体无人机、"哈洛普"无人机、安-2无人机等对亚美尼亚的防空系统、坦克、炮兵阵地等进行毁灭性打击,成为无人机主导胜负的典型案例。

与单无人机相比,多无人机协同具有明显的优势。例如,在军事侦察中,多无人机可通过不同视角对目标进行全方位感知,从而提高信息的准确性和完整性;在战场攻击中,多架无人机可同时对敌方目标进行多方位攻击,提高杀伤力和命中率;部分无人机失去任务能力时,整个机群仍可以通过重组和任务重分配等来继续保持任务能力。

但与单无人机相比,多无人机协同执行任务时所需处理的信息量大幅增加,协同控制计算复杂性显著提高,传统计算方法已很难满足要求。研究高效的多无人机自主协同任务规划方法,对提升无人机运用水平、拓展无人机军事应用场景、提高非对称作战能力,具有重要的理论价值和实践意义。

1.1 无人机的自主性和自主控制

1.1.1 无人机的自主性

无人系统是由机械、控制、计算机、通信和材料等相关技术融合而成的复杂系统,自主和智能是智能无人系统两个最重要的特征。

美国国防部2018年8月发布了《2017—2042年无人系统综合路线图》[1],主要从互用性、自主性、安全网络和人机协同四个主题分析了无人系统面临的问题、挑战、机遇及其需重点发展的关键技术。该路线图将自主性定义为无人系统根据其对世界、自身和环境的知识和理解，独立地制定和选择不同的行动方案，以达成目标的能力。

早期的机器人通常仅具有自动化功能，随着人工智能和机器学习技术的进步，逐步开发出具有更高水平自主功能的系统，未来无人系统将从远程控制和自动化系统，发展到支持任务所需的几乎完全自治的系统。

自主性是自动化的高级阶段，自主是基于信息和知识驱动的，无人系统根据任务需求自主完成"感知—判断—决策—执行"的动态过程，能够应对意外情形和新任务，并对失败具备一定程度的容忍性。自主性的提升将极大地提高有人/无人系统相互协作的效率和有效性，一般来说，自主性等级可分为 4 个层级[2]，如表 1.1 所示。

表 1.1 自主性的 4 个层级

层级	名称	描述
1	人工操作	操作员决定所有操作。尽管该系统可能对感应到的数据提供信息响应，但它不具备对其环境的自主控制能力
2	人工授权	当授权时，系统可以独立于人为控制执行许多功能。此级别包含自动控制、引擎控制和其他的低级自动化操作。这些自动化必须通过人工输入激活或停用，并且必须与人工操作互斥
3	人工监督	当获得人员的最高权限或指导时，系统可以执行各种活动。人和系统都可以基于感测到的数据来启动行为，但是系统只有在其当前指示的任务范围内才能这样做
4	完全自主	该系统接收来自人类的目标，并将其转化为无需人类交互即可执行的任务。在紧急情况下，人类仍然可以进入环路或改变目标，尽管在实践中，在人类干预发生之前，可能存在明显的时间延迟

军队作战无人系统通常包括无人机、无人地面车辆、无人水面艇和无人潜航器等四类，可遂行情报-监视-侦察、排爆、城市反恐、反水雷、反潜、反水面艇、追踪敌方威胁、核生化探测、武装打击等多种任务。无人系统具有物理环境适应能力强、风险小、代价低、非接触、无人伤亡、长续航、多功能、自主可控、可成组编队等特点，将极大地扩展有人平台的作战能力，成为信息化、网络化战争的重要节点，改变传统战争模式[3]。

无人机是最常见的军队作战无人装备，严格来说其全称应为无人机系统（unmanned aircraft system, UAS），通常是指由飞机平台系统、飞行控制与管理分系统、任务设备分系统、通信与数据链系统、地面控制站及保障系统组成的系统。无人机系统的自主性可以被定义为无人机系统自身集成传感、感知、分析、通信、计划、决策、行动/执行的能力，通过设计的人机界面或与无人机系统通信的其他系统，实现人类操作员指定的目标[4]。

1.1.2　无人机的自主控制

无人机个体的自主控制能力是无人机集群协同作战的技术基础，它将逐步从简单的遥控、程控方式向人机智能融合的交互控制，甚至全自主控制的方式发展，并将具备集群协同执行任务的能力。

无人机自主控制可以理解为非结构化环境、非预设态势、非程序化任务等各种不确定条件下的"高度"自动控制。换言之，就是在没有人工/外部干预的条件下，无人机能通过在线环境/态势的感知和信息处理，自主生成优化的控制与管理策略，规避各种障碍和威胁，完成各种特定任务，并具有快速、有效的动态任务适应能力。无人机自主控制所面临的挑战主要来自运行环境、任务及无人机自身的复杂性、不确定性和动态性。

1. 无人机自主控制系统的能力需求

无人机自主控制系统的主要能力需求如下[5]。

1) 感知认知能力

在复杂和不确定条件下，只有具备相应的感知认知能力，无人机才能获取飞行/任务环境信息、自身运动和系统状态信息，以及操作指令和任务目标信息等，支撑自主控制系统所期望功能和性能的实现。

2) 评估判断能力

在基于感知认知获取相应的信息并建立认知模型后，需要对敌我态势/意图、环境/敌方威胁、自我健康等做出有效评估和判断。

3) 规划决策能力

无人机要减少人的实时控制参与，增强自主控制能力，就必须在不确定的情况下自己做出规划与决策。在无人机自主控制系统中，典型的规划决策能力体现在轨迹规划、任务规划和战术机动决策等方面。

4) 控制执行能力

对无人机自主控制系统而言，控制执行能力主要面向无人机机动飞行，是基于规划与决策的结果改变自身位置和运动状态的能力。

5) 人机融合能力

无人机的使用离不开人的参与，且应始终贯彻"以人为中心"的原则。人机融合能力是自主控制系统所必不可少的。只有具有人机融合能力，无人机与操作使用者之间、无人机与有人系统之间才能建立起沟通与协作的桥梁。

6) 多无人机协同能力

面向日益复杂的任务和应用环境，无人机系统的使用模式已经逐步由单平台发展为更灵活的多平台(有人/无人、无人/无人)协同操作方式。因此，自主控制系统也必须根据实际任务需求形成相应的多无人机协同能力，实现协同感知、协同攻击、协同干扰等。

7) 故障容错能力

容错能力即自动/自主处理故障的能力。针对突发的系统故障、战损等，无人机自主控制系统应具备一定程度的容错甚至修复能力，从而能自主处理飞行中的故障，为任务的执行提供有效的保障。

8) 学习进化能力

学习进化能力是自主控制系统高度智能化的重要体现之一，是其通过自主的学习、修正和不断进化，提高系统相关性能的能力。

需要强调的是，上述八项能力需求是相互渗透、相互作用和相互促进的。前四种能力是实现自主控制的基础；在前四项能力的基础上，才能实现面向任务的人机融合能力和多无人机协同能力；而具备故障容错和学习进化能力则可以进一步提升前六项能力。

2. 无人机自主控制系统的一般结构

无人机的智能化和自主化依赖于其自主控制系统的实现，无人机的自主控制系统是一个大型、复杂且面向不确定性的系统，其控制结构决定了系统的整体性能，如效率、稳定性、可扩展性、模块化等。因此，无人机的控制结构应分层组织[6-8]，使其具有足够的灵活性。

当前广泛接受的自主控制系统结构是递阶分层控制结构，它将自主控制系统按智能递减、精细递增的原则划分层次而设计实现，主要由任务管理系统和飞行管理系统两大部分组成：前者处于顶层，一般位于地面控制站或长机上，主要面向任务的执行管理；后者位于底层，面向飞行管理和控制，主要包括飞行管理及控制执行功能，其典型结构如图 1.1 所示[9]。

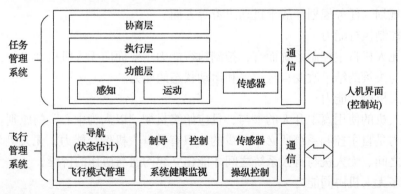

图 1.1 无人机的一般自主控制结构

任务管理系统与多无人机协同控制的实现密切相关，而飞行管理系统则是无人机执行已分配任务的动作机构。多无人机协同作战，需要在无人机个体的自主控制系统的基础上，实现多个个体的协同控制。

任务管理系统主要分为协商层、执行层和功能层。协商层负责将任务分解为一系列子任务，并协调其运行。通常，协商层必须考虑并发操作和时间依赖性。由于无人机和环境的复杂性，考虑航空系统的运动学及动态约束，协商层可能涉及任务规划和高级运动计划等。执行层负责同步不同任务的执行，并处理任务执行过程中可能出现的故障。功能层实现无人机的不同功能，如感知和运动等。感知功能专注于从环境中获取信息以增强无人机的态势感知能力，而运动功能则是以智能、有效的方式移动无人机并避免障碍。

飞行管理系统实现了所需的基本制导、导航和控制算法，这些算法可使无人机保持稳定并遵循高层模块发送的命令。在最常见故障情况下，例如全球定位系统(global positioning system, GPS)丢失和电池电量不足时，飞行管理系统也可以实现基本的行为控制。飞行管理系统一般配备 GPS、惯性测量单元(inertial measurement unit, IMU)、磁力计、空中数据系统和高度计等信息感知单元，可实现以下功能。

(1)飞行模式管理：处理飞机的不同飞行模式(稳定、完全自主等)和飞行的不同阶段(起飞、巡航、降落等)。

(2)系统运行状况监视：监视不同传感器、执行器和其他软件模块的状态，并在此体系结构级别上处理警报和可能的故障。

(3)通信管理：处理高层和地面控制站的通信。

无人机的飞行管理控制系统如图 1.2 所示。

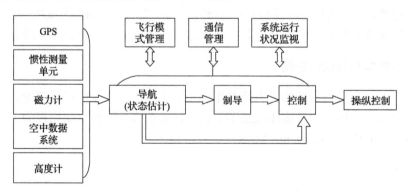

图 1.2　无人机的飞行管理信息系统

1.2　多无人机的协同控制

在实际任务执行中，因任务要求、环境影响及无人机自身的影响制约，多无人机的协同控制非常复杂，主要体现如下[10]。

（1）任务复杂性：不同的作战任务，在作战目标、时序约束、时间敏感性约束、任务间耦合约束、任务指标等方面均可能存在差异，而且作战目标还可能存在不确定性，如目标数量、分布不确定，目标参数不确定，目标机动性不确定等问题。

（2）任务环境的复杂性：任务环境可能包含多种既有的和突发的威胁、障碍、极端天气等，无人机与系统可能无法获知或无法及时获知环境的全局信息及其变化。

（3）多无人机系统成员间的差异：不同无人机间存在动力学特性差异、功能差异、信息采集处理和通信能力的差异等。

（4）计算复杂性：在进行协同任务规划问题研究时，不可避免地会碰到多项式复杂程度（non-deterministic polynomial, NP）难题，即随着问题规模（如无人机数量、目标数量等）的增长，问题的解空间将呈现指数级的爆炸式扩张，而从这个庞大的解空间中找到最优解需要耗费大量的计算，非常困难。当任务的实时性要求较高时，该矛盾会更突出，甚至会直接影响协同任务的执行效果。

（5）通信约束的复杂化：任务环境的复杂多变必然会对无人机群的通信网络造成影响，如通信拓扑结构变化、带宽受限、通信干扰、通信延时等，甚至可能会出现虚假通信等问题，再考虑到无人机本身的通信设备性能限制，如通信距离和带宽等，以及某些任务可能会要求通信尽可能少，这又将极大地增加多无人机协同问题的复杂程度。

在上述复杂性的共同作用下，多无人机协同任务规划就变成了一个极其复杂的问题，对该问题进行建模与求解的难度也大大增加。作为无人机技术发展的一个重要趋势，多无人机协同控制方面的研究受到了美国军方的极大重视，已经被美国空军科学研究局列为六大基础研究课题之一，也成为学术界的持续研究热点。

1.2.1 智能体和智能体系统

多无人机及后续发展的无人蜂群作战技术来源于多智能体系统理论，一般将其中的无人机个体视为智能体（agent），执行任务的多无人机编组则视为一个多智能体系统（multi-agent systems, MAS）。

1. 智能体

Wooldridge[11]将 agent 定义为一个位于某些环境中的计算机系统，它能够在这个环境中自主行动，以满足其设计目标。他还指定了智能体的最低标准，即自主性、反应性、主动性和社会性[12]。

（1）自主性（autonomy）：即智能体具有自我管理、自我调节的能力，能根据外界环境的变化自动调整自己的行为和状态，而不是仅仅被动地接受外界的刺激。

（2）反应性（reactive）：即智能体能对外界的刺激作出反应的能力。

（3）主动性（proactive）：即对于外界环境的改变，智能体能主动采取活动的能力。

（4）社会性（social）：即智能体与其他智能体或人进行合作的能力，不同的智能体可根据各自的意图与其他智能体进行交互，以达到解决问题的目的。

在无人机研究中，通常将智能体分为反应型智能体、群集型智能体、认知型智能体、信念-目标-意图（belief-desire-intention, BDI）型智能体和进化型智能体五类[13]。

（1）反应型智能体的行为受其对外部刺激（如来自另一个智能体的信息）或其环境变化（感知障碍）的反应驱动。

（2）群集型智能体的行为是一组智能体（如鸟类、鱼类）在一起运动时所表现出来的行为，其群集行为的基本架构由三个简单规则控制：分离以避免邻居拥挤，对齐以朝向邻居的平均方向，内聚以朝向邻居的平均位置。有了这三条简单的规则，群体以一种极其逼真的方式移动，创造出复杂的运动和互动。

（3）认知型智能体依赖于认知架构，认知架构的灵感来源于从生物学和神经学角度对人脑的深入理解，旨在尽可能精确地描述人类的认知过程。

（4）BDI 型智能体是一种特殊类型的认知型智能体，它们是理性智能体人，对信念、欲望和意图有"心理态度"，分别代表智能体人的信息、动机和审议状态。BDI 型智能体能够集成规划、调度、执行、信息收集以及与其他智能体的协调。

（5）进化型智能体是基于进化算法的智能体。进化算法是一种基于种群的元启发式优化算法，它利用了受生物进化启发的机制，如繁殖、突变、重组和选择。

在现有研究中，最常见的是认知型智能体和反应型智能体。理想的基于智能体的无人机建模通常基于多层体系结构，如图 1.3 所示，其中操作层对应无人机的控制，战术层与无人机的路径规划等行动相关，战略层则与无人机的任务相关，往往需要属于认识领域的更复杂的模型。

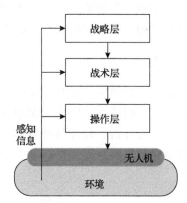

图 1.3　基于智能体的无人机的多层结构

2. 多智能体系统

多智能体系统是可以相互协作的多个简单智能体为完成某些全局或者局部目标而通过相关技术形成的分布式智能系统[14]。其目标是让若干个具备简单智能但便于管理控制的系统能通过相互协作实现复杂智能，在降低系统建模复杂性的同时，提高系统的鲁棒性、可靠性和灵活性。多智能体系统主要有以下特点：

(1)自主性。在多智能体系统中，每个智能体都能管理自身的行为并做到自主的合作或者竞争。

(2)容错性。智能体可以共同形成合作的系统用以完成独立或者共同的目标，若某几个智能体出现了故障，其他智能体将自主地适应新的环境并继续工作，不会使整个系统陷入故障状态。

(3)灵活性和可扩展性。多智能体系统本身采用分布式设计，智能体具有高内聚、低耦合的特性，使得系统表现出极强的可扩展性。

(4)协作能力。多智能体系统是分布式系统，智能体之间可以通过合适的策略相互协作完成全局目标。

目前，多智能体系统已在飞行器编组、传感器网络、数据融合、多机械臂协同装备、并行计算、多机器人合作控制、交通车辆控制、网络的资源分配等领域有着广泛应用。

1.2.2 多无人机协同控制的结构

多无人机系统往往基于多智能体模型进行研究，多个智能体之间一般通过两种方式进行协调：分布式协同和集中式协同。分布式协同是多个智能体直接互动，而集中式协同是在规划器指导下统一进行协同。设计合理的协同控制结构是解决无人系统中负载分配计算、通信链路协同控制以及无人系统行为控制等问题的关键。在实现任务协调时，多无人机的协同控制结构主要有集中式控制结构、分布式控制结构，以及将两者结合的集散式控制结构三大类[15-17]。

1. 集中式控制结构

集中式控制结构中有一个中央控制单元，无人机的感知、状态等信息向上汇集到中央控制单元，中央控制单元依据全局化的信息，通常采用集中式算法和并行计算，经分析、处理与规划后，将任务指派给无人机执行，如图 1.4 所示。该控制结构的主要特点是存在一个中央控制单元对整个系统进行控制，这个中央控

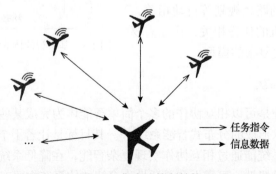

图 1.4 集中式控制结构

制单元可以是地面指控中心、海基平台、空中预警机，或是另一架有人作战飞机，甚至是功能更完善的无人机[10,17]。

集中式控制结构全局性强，对涉及强耦合的任务规划问题具有较明显的优势，其主要缺点是鲁棒性差，计算量大，对通信依赖性大，处理问题的伸缩性不好。因此，集中式控制结构一般适合任务实时性要求不高，但任务间具有强耦合特性的任务规划问题。

2. 分布式控制结构

分布式控制结构采用分散的通信与控制形式，没有集中控制单元，各智能体具有高度的自治能力，自行处理信息、规划决策、执行指令，与其他智能体进行信息交互以协调各自行为，其控制结构示意图如图 1.5 所示。

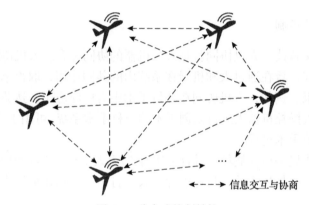

图 1.5　分布式控制结构

分布式控制结构的优点在于充分地利用了各节点的计算能力，对通信的依赖性较弱，具有较好的容错能力和扩展性；其缺点在于难以获得周围环境的完整信息，多边协作效率较低，全局目标的实现较难保证。

3. 集散式控制结构

集散式控制结构相当于集中式与分布式控制结构的结合，是一种全局上各智能体等同的分层、局部集中的结构，其控制结构示意图如图 1.6 所示。系统中央控制单元可能存在一个或多个，各无人机节点并不将所有信息反馈给中央控制节点，而是仅反馈重要的信息或者中央控制单元订阅的有限信息。中央控制单元更多的作用是监督与协调，而非全局式的控制。集散式控制结构是集中式与分布式控制结构的一种平衡，旨在较全面地协调多无人机，同时降低通信和计算等负担。集散式控制结构既提高了协调效率，又不影响系统的实时性、动态性和容错性。

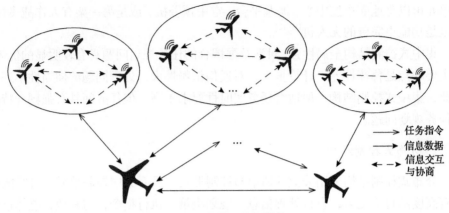

图 1.6　集散式控制结构

1.2.3　人机协同控制

从字面意义解读，人机协同就是人与机器的协同配合。人机协同控制是一种特殊的控制形式，旨在通过人和机器在系统内的共同作用，取得单独由人或机器无法达到的效果。例如，人机协同在外科手术中有广泛应用，达芬奇外科手术系统就是一套由人操控机器人进行微创手术的外科手术系统，可用于前列腺切除术、心脏瓣膜修复等手术过程。

人机协同作战是指在战场上融合运用有人/无人平台，通过密切的协同配合完成包括态势感知、指挥决策、目标引导、火力打击、毁伤评估等作战过程，达成作战目的。

人机协同作战的最常见的形式是以有人装备为中心，与无人装备实施组网作战，如将有人机和无人机构成混合作战体系，通过协同态势感知、协同作战决策、协同火力打击及协同毁伤评估，实施从"传感器"到"射击器"的一体化作战行动，完成协同探测、协同防御、协同攻击等作战任务[18]。

有人/无人机协同作战系统主要由地面指挥控制中心、有人战机、无人机和通信链路四个子系统组成[19]。指挥控制中心、无人机、有人战机通过通信链路传输共享情报、态势、指挥控制这三类信息；地面指挥控制中心指挥混合编组，有人战机指挥控制无人机，通过通信链路实现三者之间的协同；有人战机主要负责决策和任务分配，无人机完成侦察、监视、目标探测与攻击等任务。

战场上，人机协同作战发挥的整体效能远超有人装备和无人装备各自所发挥的作战效能之和，并具有如下优势：

(1) 人在感知、认知和决策等方面有突出的智能优势，在人机协同中可利用人类智能，更多承担思维、创新等非执行方面的工作，突出人的智能优势。

(2)人机协同作战过程中,有人装备可以近距离地对无人装备进行指挥和控制,缩短了战场数据通信距离,减少了通信时延,从而缩短了从决策到进攻的时间,可显著提高作战效率。

(3)无人装备可以实现隐蔽接敌,可以进行先期的攻击任务以消耗敌方部分有生力量,也可以承担一些如目标区域的近距离电子干扰和侦察干扰等危险性较高的作战任务,为后续实施的有人作战创造良好的战场态势,避免己方力量的伤亡。因此,人机协同作战可明显提升己方特别是有人装备的生存能力。

(4)人机之间松散耦合,有人装备和无人装备共同组成了一个多传感器的信息源网络,每个作战单元都可以作为网络上的一个信息节点,任何一个节点的毁坏都不会影响网络中其他节点的工作,有效增强了在复杂电磁环境下的战场信息保障能力。

1.3　多无人机协同任务规划

1.3.1　多无人机协同任务规划概述

多无人机任务规划,是根据无人机所要完成的任务、无人机数量及任务载荷的不同,对无人机完成具体作战任务的预先设定与统筹管理,其主要目标是依据战场环境信息,综合考虑无人机性能、到达时间、油耗、威胁及空域管制等约束条件,为无人机规划出一条或多条从起始点到目标点最优或满意的航路,并确定载荷的配置、使用及测控链路的工作计划,保证无人机圆满完成任务并安全返回基地[20]。

通常,多无人机任务规划可以分成两大部分:上层的任务分配和下层的路径规划。无人机任务分配是在满足环境要素和任务需求条件下,为无人机分配一个或一组有序的任务,在最大限度完成任务的基础上,最优化无人机系统的整体效率和资源配比。无人机路径规划则是一个多约束、多目标的组合优化问题,要根据任务要求、威胁分布、实时机动性能、燃料限制等约束,规划出一条安全的可行航迹。本书所指多无人机协同任务规划主要侧重于多无人机的协同任务分配。

多无人机复杂环境下的协同任务规划融合了数学建模、模型优化等理论知识,是一个多目标、强耦合、多约束的优化问题,求解过程较为复杂,求解难度一般也会随着多无人机系统规模的增加呈指数增加。下面简要介绍常用的无人机协同任务规划的模型和方法。

1.3.2　多无人机协同任务规划模型

多无人机协同任务规划涉及的运筹学模型主要包括车辆路由问题(vehicle

routing problem, VRP)[21, 22]、旅行商问题(travelling salesmen problem, TSP)[23]及多旅行商问题(multi travelling salesmen problem, MTSP)[24, 25]、背包问题(knapsack problem, KP)[26, 27]、混合整数线性规划(mixed integer linear programming, MILP)问题[28]、混合整数非线性规划(mixed integer non-linear programming, MINLP)问题[29]和协同多任务分配问题(cooperative multiple task assignment problem, CMTAP)[30]等模型。

对于一般的路程最短、成本最小、费时最少等问题,如协同搜索等单一任务的多无人机协同,通常使用 VRP、TSP 和 MTSP 模型。执行协同搜索等任务时,在建模过程中可以考虑具体的任务需求和任务约束,如考虑时间窗的 VRP(vehicle routing problem time window, VRPTW)模型[31]和考虑时间窗的 TSP 扩展模型(time window travelling salesmen problem, TWTSP)模型[32]等。

针对任务关系复杂、具有多种约束的多无人机协同问题,如处理察打一体化任务时需要搜索、确认、攻击、毁伤评估等系列任务,设定只对目标位置访问一次的 MTSP 和 VRP 模型就不太适用,而网络流优化(network flow optimization, NFO)模型、MILP 模型以及建立在两者基础上的 CMTAP 模型则相对更适用。

NFO 模型在广域弹药搜索(wide area search munitions, WASM)问题研究中使用较早且较多[33,34]。基于 NFO 模型,以无人机为网络中的供货商,以执行的任务(如对地面目标的确认、打击、毁伤评估等)为物流,以对无人机执行某项任务的指派决策为需求,无人机决策的执行代价或收益作为货物在网络中流动的成本,建立资源优化配置线性规划模型,优化目标是网络流量总代价最小[10]。

MILP 模型属于 NFO 模型的自然拓展,其在建模过程中引入二元决策变量和连续决策变量两种类型的决策变量,因而能处理更复杂的时间、资源等约束,可以有效解决多无人机协同任务分配中的复杂约束问题,在多无人机协同任务规划任务中被广泛运用[35-37]。

CMTAP 模型能够处理不同任务间的时序关系与促进关系,适合多目标、多无人机、多任务种类的多无人机协同多任务分配[38]。文献[31]提出用于无人机物流的路由和调度模型,可以将其视为带时间窗的车辆路径问题的一种特例,然而由于考虑飞行运输中的一些现实因素,如客户交付需求的时间窗、冷链和普通物流、无人机容量、冷链商品的损坏率等,该问题以 MILP 模型表示,并使用新一代数学规划优化系统 Gurobi 求解。

背包问题常用于物流中的货物配载等。Ding 等[39]将定向运动问题分解为背包分配问题和随后的旅行商问题,提出一种新型的快速算法,将背包问题的贪婪算法与生成树的使用相结合,用于解决一组无人机的任务分配和路由问题。Cicek 等[29]在协同通信中继任务中将无人机基站的位置和带宽分配问题结合起来提出 MINLP 问题,针对 MINLP 问题的高复杂度提出一种计算复杂度较低的启发式算法，当无人机基站位置确定后，资源分配问题可归结为多维二进制背包问题，可以在伪多项式时间内求解。

1.3.3　多无人机协同任务规划方法

考虑到多无人机协同任务的复杂性，根据多无人机协同控制的不同结构，往往采用不同规划方法，主要包括集中式任务规划和分布式任务规划两大类方法[40]。

1. 集中式任务规划方法

解决集中式任务规划问题的主要方法包括精确算法和启发式算法两大类。

精确算法指可求出最优解的算法，目前用于多无人机任务规划的精确算法主要有整数规划(integer programming, IP)[41]、约束规划[42](constrained programming, CP)、动态规划(dynamic programming, DP)[43]和分支定界(branch and bound, BnB)法[44]等。其算法计算复杂性很大，一般只适合于求解小规模问题。

启发式算法是一种近似算法，通过对过去经验的归纳推理以及实验分析来解决问题，即借助于某种直观判断或试探的方法，以求得问题的次优解或以一定的概率求其最优解。启发式算法一般用于解决 NP 难题，多无人机任务规划问题大多可以建模为多目标/多约束的复杂组合优化问题，针对这种复杂组合优化问题，适合采用启发式算法求解[45,46]。

元启发式算法是一类通用的启发式算法，它是随机算法与局部搜索算法相结合的产物，主要分为两大类：基于个体寻找相对最优和基于群体寻找全局最优，前者主要包括爬山算法(hill climbing algorithm, HCA)、禁忌搜索(tabu search, TS)算法、模拟退火(simulated annealing, SA)算法、贪婪搜索(greedy search, GS)算法等，后者主要包括进化算法和群智能算法两大类，进化算法又称演化算法(evolutionary algorithms)，它是一个"算法簇"，其灵感都来自大自然的生物进化，主要通过选择、重组、变异(模拟生物进化过程)实现优化问题的求解，主要包括遗传算法(genetic algorithms, GA)、遗传规划(genetic programming, GP)算法、进化策略(evolution strategy, ES)算法和进化规划(evolution programming, EP)算法等；群智能算法是一类通过模拟生物种群(或自然/人工的群体)的行为，由一群简单个体遵循特定的交互机制完成给定任务的优化算法，常见的有蚁群优化(ant colony optimization, ACO)算法、粒子群优化(particle swarm optimization, PSO)算法、烟花算法(fireworks algorithm, FWA)、萤火虫算法(firefly algorithm, FA)、水波优化(water wave optimization, WWO)算法和灰狼优化(grey wolf optimizer, GWO)算法等。

在求解较为复杂的组合优化问题时，遗传算法通常能够较快地获得较好的优化结果，因此在多无人机任务规划中，遗传算法是最常用的规划方法。为了提高不确定环境下无人机对目标的捕获能力，进而提高多无人机的协同搜索效率，黄杰等[47]

提出基于双属性概率图和改进的协同进化遗传算法 (improved co-evolutionary genetic algorithm, ICEGA) 的多无人机协同目标搜索方法。李文广等[48]针对多无人机在复杂的战场环境中如何高效侦察多种类型目标的问题，提出一种基于改进遗传算法的多无人机协同侦察航迹规划算法。Wang 等[49]针对点目标、线目标和面目标等异构目标，建立了新的无人机侦察任务分配模型，提出使用双染色体编码和多重突变算子的基于对立的遗传算法，以增强全局探索能力，提高种群多样性。

PSO 算法操作简单，收敛速度快，对优化问题本身没有严格数学性质要求，易与其他优化算法(或策略)相结合形成混合 PSO 算法等。在多无人机协同任务规划中，PSO 算法及其混合算法的应用也比较普遍。Phung 等[50]针对无人机对运动目标的最优搜索问题，提出了一种新的运动编码粒子群优化算法。该算法将搜索路径编码为一系列运动，这些运动直接适用于约束无人机移动到相邻单元的搜索问题。Wang 等[51]将异构无人机的任务分配问题表述为与无人机动力学耦合的多目标优化问题，设计了多层编码策略和约束调度方法来处理关键的逻辑和物理约束，还引入四个优化目标：完成时间、目标奖励、无人机损坏和总航程，以评估各种分配计划，提出一种改进的多目标量子行为粒子群优化算法，并通过仿真实验验证所提出的模型和算法。

蚁群优化算法是一种用来寻找优化路径的概率型算法，可广泛运用于旅行商问题、指派问题、车间调度问题、车辆路由问题、图着色问题和网络路由问题等组合优化问题。Zhen 等[52]提出了一种改进的分布式蚁群优化算法来执行任务计划并生成航路点，采用 Dubins 曲线平滑连接蚁群优化算法生成的路线点。Zhen 等[53]提出利用混合人工势场和蚁群优化算法，在不确定的动态环境中搜索和攻击时间敏感的移动目标。

在无人机任务规划问题的启发式求解方法中，还有基于人工蜂群算法[54]求解多目标搜索问题，基于差分进化算法[55]进行灾后无人机路径规划，基于多种启发式算法的混合算法如基于模拟退火和禁忌搜索算法[56]进行双层任务规划，解决多无人机多目标任务规划问题等。

2. 分布式任务规划方法

集中式系统更便于提供全局优化，然而，它们在现实世界中面临着强约束，通常需要完全连通性，对动态环境又非常敏感。此外，大多数多无人机任务分配问题是 NP 问题，难以期望集中式算法具有高性能。一般来说，分布式系统鲁棒性更强，通常能很好地适应无人机的规模扩展和现实世界的约束(如动态环境和通信约束等)[40]。近年来，研究者越来越关注单个机器人有限的通信和计算能力，提出分布式任务规划方法来应对缺乏全局通信和环境的动态变化。

分布式约束优化是大规模、开放、动态网络环境中的优化问题，除了具有传统优化问题的非线性、约束性、建模困难等特点外，还具有随机、动态演化、信息区域化、控制局部化、网络状态异步更新等特点，这使分布式约束优化问题的求解变得更加困难。分布式约束优化问题难以精确求解，因此 max-sum（最大和）[57]、梯度法[58,59]等近似求解方法得到了广泛的关注。Delle Fave 等[60,61]将多无人机协同收集灾难现场实时航空图像问题构建为分布式约束优化问题，并使用 max-sum 算法解决由此产生的优化问题。

在分布式任务规划方法中，分布式约束优化和基于市场协商的方法是两种主流方法[62]，其中基于市场协商的方法更受关注，主要包括合同网协议（contract net protocol, CNP）方法和市场拍卖法（market auction method, MAM）。

目前，CNP 方法是应用范围最广的一种分布式任务分配方法，它的核心是为防止产生冲突，对每个问题的求解用通信的方式协商处理。CNP 方法有发布者和竞标者两个角色，由"招标、投标、中标、确认"4 个交互阶段组成。CNP 方法可通过成员间的协商和竞争提高寻优能力，在多无人机任务规划中有广泛应用。Liu 等[63]结合有人/无人机编组的特点，提出了基于合同网协议的任务分配方法，将有人飞行器作为 CNP 任务分配结构的节点。扩展后，无人机编组对动态作战环境的适应能力和对新威胁的管理能力得到了提高。Li 等[64]针对智能获取的不确定性和战场环境的波动性对协同任务分配的影响，提出了一种不确定环境下有人/无人机协同任务分配模型，引入 CNP 对遗传算法进行了改进，并将其应用于优化模型的求解。

市场拍卖法则是将要拍卖的物品用公开竞价的方式转卖给应价最高者，一个拍卖主要有参与方、拍卖品、收益函数和应价策略等要素组成。在多无人机任务规划问题中，无人机需要执行的任务可视为拍卖品，无人机的任务分配方和任务接受方共同组成参与者，且双方都有各自对应的收益函数和应价策略。市场拍卖法用明确的规则引导买卖双方进行交互，可操作性非常强，能在较短时间内将资源进行合理分配，得到问题的最优解或较优解。

市场拍卖法及其演化算法现已广泛运用在多无人机的任务规划中[65-67]。针对周界监视问题，Kingston 等[68]设计了一种基于共识与协商策略的分布式算法，可以灵活地增减无人机数量，具有较好的收敛性和优化能力。Choi 等[69]提出的一致性包算法（consensus-based bundle algorithm, CBBA），采用基于市场的决策策略作为分布式任务选择机制，将基于局部通信的共识作为冲突解决机制，利用协商一致性来达成合作任务分配的一致性。陈侠等[70]针对不确定环境下的多无人机协同攻击多目标的空战问题建立多无人机模糊态势任务分配模型，提出异步一致性拍卖算法，将目标收益作为竞标依据，给出不确定环境下的多无人机协同攻击多目标的分布式空战决策方法。

在多无人机分布式任务规划中，常见的方法还有博弈论方法[71]、分布式贝叶斯方法[72]、分布式预测控制[73]等,以及各种分布式启发算法,如分布式蚁群优化算法[74]、分布式粒子群优化算法[75]等。

1.4 多无人机协同作战和无人机反制方法

1.4.1 无人机的应用

无人机的应用主要分为民用和军用两大类。在民用领域,商用/消费型"无人机"的出现为飞行器创造了全新的应用,无人机的民用领域主要包括监测、提供无线覆盖、地理定位、遥感、勘探、测绘、应急响应和搜援、货物运送、边境和安全监视、精准农业和民用基础设施监视等[13,76,77]。

然而截至目前,无人机的任务仍以军事应用为主,无人机几乎进入了军事航空的每一个领域。20 世纪 80 年代,美国国防高级研究计划局(Defense Advanced Research Projects Agency, DARPA)开始研制一种低成本、长航时无人机,可用于各种情报、监视和侦察(intelligence, surveillance and reconnaissance, ISR)任务。在伊拉克和阿富汗的冲突中,功能更强大的"全球鹰"的引入使作战高度增加到超过 18.288km,飞行时长超过 24h;还引进了"影子"和"扫描鹰"战术无人机等中型无人飞机,将战场监侦进一步扩展到指挥级,达到前所未有的水平。

《2010—2035 年无人系统综合路线图》[4]将军用无人机的应用主要分为侦察和监视、情报、安全、作战、指挥控制和通信支持、战斗支援、保障等。

军用无人机从使用空域上可分为高空型、中高空型、低空型和超低空型等[78]。高空型无人机如 RQ-4A/B "全球鹰"等,其特点是大载荷、长航时,主要完成战略、战役级目标侦察跟踪和打击任务;中高空型无人机如 MQ-9 等,其特点是高速、中等载荷、快速机动,主要完成战术侦察、定点打击等任务;低空型无人机如 RQ-8B "火力侦察兵"等,主要完成凝视跟踪、定点打击、通信中继等任务;超低空型如微型无人机,主要完成近距离低空监视干扰等任务。

以登陆行动为例[79],不同类型的军用无人机在任务过程中发挥着重要作用:舰载预警无人机可对岛屿周围的关键海域和航线进行长时间的实时侦察与监控预警,引导攻击并进行毁伤评估;电子战无人机可侦察战场电磁环境信息,对敌进行电子压制;电子诱饵无人机可实施电子伴动,引诱敌雷达开机;反辐射无人机可利用敌方辐射源信号,发现、跟踪和打击敌雷达目标;通信中继无人机可建立空中通信中继节点,提升体系通信组网能力;察打一体无人机可实施海面攻击;反潜无人机可对登陆封锁海域进行无人机搜攻潜;小型无人机可为岛礁特种行动的地面部队提供动态侦察信息。登陆行动中,无人机还可与无人艇、无人车、无人潜航器、多态指控终端等组成无人作战体系,与有人装备以及卫星、飞艇、反无人机系统等其他无人力量协同作战。

随着无人机及其作战应用的发展，未来的多无人机及更大规模的无人机群将提供更加丰富的侦察、干扰、攻击手段，并可能对作战模式产生颠覆性的影响。

1.4.2　多无人机协同作战典型任务

一般来说，无人机的主要工作模式可分为定向运动问题(orienteering problem, OP)和区域覆盖问题(coverage problem, CP)两大类[80]。

定向运动是一个路由问题，其目标是确定要访问的节点子集及其访问顺序，以使收集到的总得分最大化并且不超过给定的时间预算[81]。无人机的定向运动代表无人机在若干兴趣点上的路由问题。例如，对多个离散的点状目标侦察的无人机航线规划问题即可建模为侦察目标点集合上的无人机定向运动问题。图 1.7 为两架无人机在多个兴趣点中的规划飞行路径。

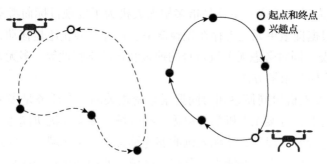

图 1.7　多无人机定向运动规划

多无人机应用中另一个活跃的研究领域是区域覆盖问题。区域覆盖问题中，每架无人机配备的传感器探测面积有限，需多架无人机依托其传感器网络监视(覆盖)不同形状的区域。覆盖问题是监视、搜索或救援、地理定位、勘探、监测、测绘等许多无人机应用的基础，图 1.8 即为多无人机进行协同区域覆盖侦察

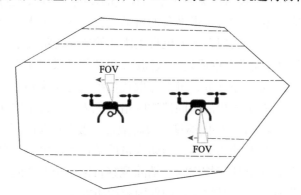

图 1.8　多无人机协同区域覆盖侦察

FOV：field of view，视场角

的示意图。其中，如何以合理数量的无人机、优化的航线实现对给定区域的监控是一个研究重点[82]。

在未来战场，多无人机可以执行协同侦察、协同巡逻、协同搜索、协同监视、协同巡弋、协同定位、协同跟踪、协同打击、协同空战等各种任务[17]。下面对部分常见多无人机协同作战样式进行简要分析。

(1) 多无人机协同侦察就是针对特定的任务目标或任务区域，设计合理的侦察策略，使多无人机能够以最小代价或最高收益快速、高效地覆盖所有任务目标或整个任务区域，从而获取目标信息并降低环境不确定性的过程。按照侦察对象的不同，多无人机协同侦察主要分为针对任务区域的"点对面"协同侦察和针对任务目标的"点对点"协同侦察，分别对应无人机的区域覆盖和定向运动两类工作模式。

(2) 多无人机协同搜索主要是指多架无人机为了发现目标而考察目标所在区域的过程。根据搜索单元是否存在先验概率、目标是静止还是移动、目标数量已知/未知等情况，同时考虑无人机自身的搜索和运动学特性等，多无人机协同搜索具有不同的建模和求解方法。

(3) 与多无人机协同侦察和协同搜索紧密相关的一个任务是多无人机协同监测。一般情况下，每架无人机都会覆盖一些区域，多无人机协同监测通常是指对多架无人机进行区域规划，使无人机能够连续覆盖一定区域，以实现长期连续探测。为此，要根据无人机的能力划分覆盖区域，并使满足整个区域覆盖要求的无人机数量尽可能少[83]。

(4) 多无人机协同察打是指多无人机协同搜索并直接打击目标，通常由多架同构的察打一体无人机来完成，有时也可以由异构的侦察无人机和攻击无人机，或有人/无人机共同协作完成察打任务。

(5) 巡弋通常指自主攻击性无人机抵达预定的作战空域后，通过传感器搜索寻找确切位置未知的目标，为打击做准备的机动飞行动作。多无人机协同巡弋指多架无人机在不确定条件下实现多无人机自主协同的巡弋航路规划。

(6) 在荒无人烟的大漠戈壁或是雪域高原，边防部队采用无人机按照预先设定好的巡逻路线开展边境巡逻任务，可部分取代传统的巡逻执勤方式，实现由平面到立体监控的转变。多无人机的协同巡逻既指多无人机的自主协同巡逻，也指无人机和地面巡逻队/巡逻车的协同巡逻。边防地带一般都道路险阻，情况复杂，尤其是面对高原复杂环境和恶劣天候，边防人员的巡逻难度更大。自主无人机参与边防巡逻，可有效拓展立体管控空间、消除观察盲区，帮助边防人员更精准、快速地掌握情况，发现问题及时解决，确保国家边防安全。

1.4.3 无人机的反制技术与方法

由于无人机可能会对民用和军用设施构成严重威胁，近年来各国政府对无人机潜在安全威胁的担忧日益加剧。例如，在民用领域，随着消费级无人机快速增长，无人机"黑飞"、"盲飞"、"乱飞"事件时有发生，无人机干扰机场、违规测绘、偷拍隐私等事故和案件屡有发生，无不突显出无人机对公共安全、社会稳定及人民生命财产安全造成的威胁，需要有效的应对措施和方法；在军事领域，秘密军事场所、导弹发射基地、弹药库等军事环境极易被小型无人机侦察而泄密，当敌方军队使用无人机探测或攻击我方时，我方需使用无人机反制技术和设备对其进行精准打击。

无人机反制技术，又称为反无人机技术，指用于无人机反制的系统化技术。2017 年 4 月，美国陆军发布的《反无人机系统技术》报告指出，近十年来，无人机系统及技术迅速发展和扩散，对美陆军作战、联合作战、多国作战产生重大威胁，应当重点关注如何辅助机动部队防御低空慢速小型无人机，要把反无人机任务融入旅级及以下作战部队训练。2021 年 1 月 7 日，美国国防部发布了《反小型无人机系统战略》，提出美军反无人机领域的战略方针及未来工作路线，同时宣布开展反无人机通用试验，测试和评估现有反无人机技术，由此选择最佳的反无人机系统联合解决方案。

按反制机理，国外发展的反无人机系统可分为干扰和毁伤两类。前者主要采用光电对抗、控制信息干扰、数据链干扰等技术，使无人机自动驾驶与控制系统、通信系统、动力系统等失效，从而削弱其作战能力；后者主要运用导弹、高炮、激光、微波等手段直接摧毁无人机。按武器形态，国外发展的反无人机系统可分为七类，见表 1.2。

表 1.2 国外反无人机系统对比

序号	武器系统	优缺点				
		成本	精度	附带毁伤	技术成熟度	应对无人机群效果
1	火炮	高	较低	大	高	差
2	防空导弹	高	高	大	高	差
3	射频干扰系统	低	高	小	高	好
4	激光武器	低	高	小	低	较好
5	微波武器	低	高	小	低	好
6	榴霰弹	高	高	大	低	好
7	网捕武器	低	高	小	较高	较差

火炮和防空导弹是传统防空武器系统，也是最常用的反无人机武器，其优点是技术成熟度高，不足是高炮拦截命中率较低、导弹拦截成本高，且不适合抵御大编组无人机群。

射频干扰系统能对 400MHz～5.8GHz 范围内的特定操控频段实施干扰，破坏无人机与操控人员之间的控制以及通信链路或 GPS 信号，使其失去作战能力。射频干扰系统的最大有效距离从数百米到数十千米不等，操作简单，且技术较为成熟，是当前反无人机装备的发展主流。

激光武器通过对目标施加能量来破坏或摧毁目标，具有精度高、使用成本低、瞄准即摧毁等优点。采用激光武器是反无人机系统发展的一个重要方向。

微波武器可以在数毫秒内烧毁目标内部的电子元器件，使进入微波束扫射面的无人机失效，特别适用于迅速毁伤无人机群。

榴霰弹在对抗小型无人机时具有天然的优势。作战时，榴霰弹由口径为 30mm 或 57mm 的发射器发射，在到达目标附近时爆炸，释放出上千枚破片，形成"弹片云"对目标进行杀伤，并可对抗无人机群，作战效能明显高于导弹等传统防空系统。

网捕武器是采用网捕捉无人机的武器装备，目前主要采用的方法有：采用大型旋翼无人机加载网枪发射网弹，采用车载发射网弹或单兵肩扛式发射网弹，采用旋翼无人机挂载抓捕网等，对目标进行抓捕，操作简单，且技术较为成熟，但对无人机群或高机动无人机的毁伤效果较差。

总的来说，无人机的反制将随着无人机技术的进步而面临越来越复杂严峻的形势，尤其是受到多无人机或无人机群的自主协同攻击时，如何根据无人机的技战性能、运用场景、任务方式和自主系统策略等，采用不同的策略与方法去有效应对是值得深入研究的问题。

1.5　本书基本结构

本书包括 8 章。

第 1 章绪论。首先对无人机的自主性和自主控制、多无人机的协同控制、多无人机协同任务规划等多无人机自主系统任务规划的相关概念及其研究发展情况进行了全面介绍，随后介绍多无人机协同作战及其反制的发展情况，并简要介绍本书的基本结构。

第 2 章多无人机协同编组。针对任意固定几何结构的多无人机协同编组问题进行建模，提出相应的多无人机协同编组策略，并拓展介绍无人机群的多编组控制策略。

第 3 章多无人机协同侦察。从针对任务区域的多无人机协同侦察和针对任务目标的多无人机协同侦察两个方面构建相应的模型，进行问题求解，并开展实验分析验证。

第 4 章多无人机协同巡弋。针对多自主反辐射无人机在巡弋阶段的规划控制问题，提出不确定条件下多无人机巡弋规划与控制的总体流程，构建多无人机协同巡弋问题模型，给出相应的协同规划控制方案，并开展实验分析验证。

第 5 章多无人机协同搜索。针对无人机搜索任务先验概率已知或先验概率未知两种不同的任务场景及搜索模型，分别构建相应的问题模型，提出具体的协同搜索机制，并开展实验分析验证。

第 6 章人机协同优化搜索。基于搜索目标"是否逃避搜索"，开展针对我方失踪人员的人机协同搜索规划和针对敌方移动目标的人机协同搜索规划，构建相应的问题模型，提出具体的规划方法，并开展实验分析验证。

第 7 章多无人机协同察打。针对同构的察打一体无人机，从简单先验环境和复杂不确定环境两个方面出发，构建相应的问题建模，提出具体的多无人机规划方法，并开展实验分析验证。

第 8 章对敌无人机群的反制。针对对敌无人机群反制的三种典型情况，开展应对敌无人机群搜索的假目标干扰方法、应对敌无人机群侦察的自动防空系统配置方法和应对敌无人机群察打的无人机对抗攻击方法研究，构建具体的问题模型，提出相应的求解过程，并开展实验分析验证。

参 考 文 献

[1] United States Department of Defense. Unmanned systems integrated roadmap FY2017-2042[R]. Washington DC: Office of the Secretary of Defense, 2017.

[2] United States Department of Defense. Unmanned systems integrated roadmap FY2011-2036[R]. Washington DC: Office of the Secretary of Defense, 2011.

[3] 中国国防科技信息中心. 2030 年的武器装备[M]. 北京: 国防工业出版社, 2014.

[4] United States Department of Defense. Unmanned systems integrated roadmap FY2010-2035[R]. Washington DC: Office of the Secretary of Defense, 2009.

[5] 唐强, 张宁, 李浩, 等. 无人机自主控制系统简述[J]. 测控技术, 2020, 39(10): 114-123.

[6] Li S M, Boskovic J D, Seereeram S, et al. Autonomous hierarchical control of multiple unmanned combat air vehicles (UCAVs)[C]. Proceedings of the American Control Conference, Anchorage, 2002: 274-279.

[7] Hu Z W, Liang J H, Chen L, et al. A hierarchical architecture for formation control of multi-UAV[J]. Procedia Engineering, 2012, 29(4): 3846-3851.

[8] Cummings M L. Operator interaction with centralized versus decentralized UAV architectures[M]// Valavanis K P, Vachtsevanos G J. Handbook of Unmanned Aerial Vehicles. Dordrecht: Springer, 2015.

[9] Viguria A. Autonomy Architectures[M]. New York: John Wiley & Sons, 2010.

[10] 邓启波. 多无人机协同任务规划技术研究[D]. 北京: 北京理工大学, 2014.

[11] Wooldridge M J. An Introduction to MultiAgent Systems[M]. 2nd edition. New York: John Wiley & Sons, 2009.

[12] Wooldridge M J, Jennings N R. Intelligent agents: Theory and practice[J]. Knowledge Engineering Review, 1995, 10(2): 115-152.

[13] Mualla Y, Najjar A, Daoud A, et al. Agent-based simulation of unmanned aerial vehicles in civilian applications: A systematic literature review and research directions[J]. Future Generation Computer Systems, 2019, 100: 344-364.

[14] 李杨, 徐峰, 谢光强, 等. 多智能体技术发展及其应用综述[J]. 计算机工程与应用, 2018, 54(9): 13-21.

[15] Ponda S S, Johnson LB , Geramifard A. Cooperative Mission Planning for Multi-UAV Teams[M]. Dordrecht: Springer, 2014.

[16] 黄长强, 翁兴伟, 王勇, 等. 多无人机协同作战技术[M]. 北京: 国防工业出版社, 2012.

[17] 李浩, 范翔宇, 金宏斌, 等. 基于群体智能的无人机集群作战任务规划研究[M]. 北京: 国防工业出版社, 2019.

[18] 蔡亚梅, 宁勇, 郭涛. 美军有人-无人协同作战发展与趋势分析[J]. 航天电子对抗, 2021, 37(1): 12-18.

[19] 尹昊, 侯婷婷, 李东光. 面向典型任务的有人/无人机协同效能评估[J]. 无人系统技术, 2021, 4(1): 62-70.

[20] 孙小雷. 基于多阶段航迹预测的无人机任务规划方法研究[D]. 哈尔滨: 哈尔滨工业大学, 2015.

[21] Gottlieb Y, Shima T. UAVs task and motion planning in the presence of obstacles and prioritized targets[J]. Sensors, 2015, 15(11): 29734-29764.

[22] Liu X F, Guan Z W, Song Y Q, et al. An optimization model of UAV route planning for road segment surveillance[J]. Journal of Central South University, 2014, 21(6): 2501-2510.

[23] Phung M D, Quach C H, Dinh T H, et al. Enhanced discrete particle swarm optimization path planning for UAV vision-based surface inspection[J]. Automation in Construction, 2017, 81: 25-33.

[24] Manyam S G, Rathinam S, Darbha S. Computation of lower bounds for a multiple depot, multiple vehicle routing problem with motion constraints[C]. 52nd IEEE Conference on Decision and Control, Firenze, 2013: 2378-2383.

[25] Sunda K, Rathinam S. Algorithms for heterogeneous, multiple depot, multiple unmanned vehicle path planning problems[J]. Journal of Intelligent & Robotic Systems, 2017, 88(2): 513-526.

[26] Thida S K, Ju M S, Hun C Y, et al. UAV delivery monitoring system[C]. Asia Conference on Mechanical and Aerospace Engineering, Yokohama, 2017: 1-6.

[27] Li Y, Zhang J, Meng R, et al. A simulated annealing-based heuristic for logistics UAV scheduling problem[C]. 14th International Conference on Computer Science & Education, Toronto, 2019: 385-390.

[28] Zuo Y, Tharmarasa R, Jassemi-Zargani R, et al. MILP formulation for aircraft path planning in persistent surveillance[J]. IEEE Transactions on Aerospace and Electronic Systems, 2020, 56(5): 3796-3811.

[29] Cicek C T, Gultekin H, Tavli B, et al. Backhaul-aware optimization of UAV base station location and bandwidth allocation for profit maximization[J]. IEEE Access, 2020, 8: 154573-154588.

[30] 姚敏, 王绪芝, 赵敏. 无人机群协同作战任务分配方法研究[J]. 电子科技大学学报, 2013, 42(5): 723-727.

[31] Ye F, Chen J, Tian Y, et al. Cooperative task assignment of a heterogeneous multi-UAV system using an adaptive genetic algorithm[J]. Electronics, 2020, 9(4): 687-706.

[32] Chen H, Nan Y, Yang Y. Multi-UAV reconnaissance task assignment for heterogeneous targets based on modified symbiotic organisms search algorithm[J]. Sensors, 2019, 19(3): 734-753.

[33] Schumacher C, Chandler P R, Rasmussen S R. Task allocation for wide area search munitions[C]. Proceedings of the American Control Conference, Denver, 2003: 3472-3477.

[34] Nygard K E, Chandler P R, Pachter M. Dynamic network flow optimization models for air vehicle resource allocation[C]. Proceedings of the American Control Conference, Arlington, 2001: 1853-1858.

[35] Radmanesh M, Kumar M. Flight formation of UAVs in presence of moving obstacles using fast-dynamic mixed integer linear programming[J]. Aerospace Science and Technology, 2016, 50: 149-160.

[36] Thida S K, Ju M S, Hun C Y, et al. UAV delivery monitoring system[J]. MATEC Web of Conferences, 2018, 151: 4011.

[37] Zhang Y, Zhai S, Wang D, et al. Path planning-aiding system of unmanned aerial vehicle in freight transportation[C]. International Conference on Network, Communication, Computer Engineering, Beijing, 2018: 966-972.

[38] 秦智慧, 王华. 基于改进遗传算法的UAVs协同多任务种类指派[C]. 第三届中国指挥控制大会, 北京, 2015: 698-703.

[39] Ding H, Castanon D. Fast algorithms for UAV tasking and routing[C]. IEEE Conference on Control Applications, Kathmandu, 2016: 368-373.

[40] Robin C, Lacroix S. Multi-robot target detection and tracking: Taxonomy and survey[J]. Autonomous Robots, 2015, 40(4): 729-760.

[41] Zhen L, Li M, Laporte G, et al. A vehicle routing problem arising in unmanned aerial monitoring[J]. Computers & Operations Research, 2019, 105: 1-11.

[42] Ham A M. Integrated scheduling of m-truck, m-drone, and m-depot constrained by time-window, drop-pickup, and m-visit using constraint programming[J]. Transportation Research, Part C: Emerging Technologies, 2018, 91(6): 1-14.

[43] Oliveira C A S. Discrete optimization models for cooperative communication in ad hoc networks[C]. International Conference on Ad-Hoc Networks and Wireless, Ottawa, 2006: 73-86.

[44] Kim J, Morrison J R. On the concerted design and scheduling of multiple resources for persistent UAV operations[J]. Journal of Intelligent & Robotic Systems, 2014, 74(1-2): 479-498.

[45] 贾高伟, 王建峰. 无人机集群任务规划方法研究综述[J]. 系统工程与电子技术, 2021, 43(1): 99-111.

[46] 杜永浩, 王凌, 邢立宁. 空天无人系统智能规划技术综述[J]. 系统工程学报, 2020, 35(3): 416-432.

[47] 黄杰, 孙伟, 高渝. 双属性概率图优化的无人机集群协同目标搜索[J]. 系统工程与电子技术, 2020, 42(1): 118-127.

[48] 李文广, 胡永江, 庞强伟, 等. 基于改进遗传算法的多无人机协同侦察航迹规划[J]. 中国惯性技术学报, 2020, 28(2): 248-255.

[49] Wang Z, Liu L, Long T, et al. Multi-UAV reconnaissance task allocation for heterogeneous targets using an opposition-based genetic algorithm with double-chromosome encoding[J]. Chinese Journal of Aeronautics, 2018, 31(2): 339-350.

[50] Phung M D, Ha Q P. Motion-encoded particle swarm optimization for moving target search using UAVs[J]. Applied Soft Computing, 2020, 97: 106705.

[51] Wang J, Jia G, Lin J, et al. Cooperative task allocation for heterogeneous multi-UAV using multi-objective optimization algorithm[J]. Journal of Central South University, 2020, 27(2): 432-448.

[52] Zhen Z, Xing D, Gao C. Cooperative search-attack mission planning for multi-UAV based on intelligent self-organized algorithm[J]. Aerospace Science and Technology, 2018, 76: 402-411.

[53] Zhen Z, Chen Y, Wen L, et al. An intelligent cooperative mission planning scheme of UAV swarm in uncertain dynamic environment[J]. Aerospace Science and Technology, 2020, 100: 105826.

[54] 肖人彬, 曹勇. 基于蜂群激发抑制的群机器人多目标协同搜索算法[J]. 河北工业大学学报, 2020, 49(5): 1-14.

[55] Yu X B, Li C L, Zhou J F. A constrained differential evolution algorithm to solve UAV path planning in disaster scenarios[J]. Knowledge-Based Systems, 2020, 204: 106209.

[56] Ning Q, Tao G, Chen B, et al. Multi-UAVs trajectory and mission cooperative planning based on the Markov model[J]. Physical Communication, 2019, 35(8): 1-10.

[57] Ramchurn S D, Farinelli A, Macarthur K S, et al. Decentralized coordination in RoboCup Rescue[J]. The Computer Journal, 2010, 53(9): 1447-1461.

[58] Guo F, Wen C, Mao J, et al. A distributed hierarchical algorithm for multi-cluster constrained optimization[J]. Automatica, 2017, 77: 230-238.

[59] D'Angelo G, Palmieri F. GGA: A modified genetic algorithm with gradient-based local search for solving constrained optimization problems[J]. Information Sciences, 2021, 547: 136-162.

[60] Delle Fave F M, Rogers A, Xu Z, et al. Deploying the max-sum algorithm for decentralised coordination and task allocation of unmanned aerial vehicles for live aerial imagery collection[C]. IEEE International Conference on Robotics and Automation, St. Paul, 2012: 469-476.

[61] Delle Fave F M, Farinelli A, Rogers A, et al. A methodology for deploying the max-sum algorithm and a case study on unmanned aerial vehicles[C]. 24th IAAI Conference, Toronto, 2012: 2275-2280.

[62] 郭继峰, 郑红星, 贾涛, 等. 异构无人系统协同作战关键技术综述[J]. 宇航学报, 2020, 41(6): 686-696.

[63] Liu Y, Jie Z, Sun H. Task allocation method of manned/unmanned aerial vehicle formation based on extended CNP[C]. IEEE Chinese Guidance, Navigation and Control Conference, Nanjing, 2016: 1975-1979.

[64] Li B, Wang Y X, Zhang Y B, et al. Cooperative task assignment algorithm of manned/unmanned aerial vehicle in uncertain environment[C]. IEEE 2nd Information Technology, Networking, Electronic and Automation Control Conference, Chengdu, 2017: 1119-1123.

[65] 许可, 宫华, 秦新立, 等. 基于分布式拍卖算法的多无人机分组任务分配[J]. 信息与控制, 2018, 47(3): 341-346.

[66] 邸斌, 周锐, 丁全心. 多无人机分布式协同异构任务分配[J]. 控制与决策, 2013, 28(2): 274-278.

[67] 张耀中, 谢松岩, 张蕾, 等. 异构型多 UAV 协同侦察最优化任务决策研究[J]. 西北工业大学学报, 2017, 35(3): 385-392.

[68] Kingston D, Beard R, Holt R. Decentralized perimeter surveillance using a team of UAVs[J]. IEEE Transactions on Robotics, 2008, 24(6): 1394-1404.

[69] Choi H, Brunet L, How J P. Consensus-based decentralized auctions for robust task allocation[J]. IEEE Transactions on Robotics, 2009, 25(4): 912-926.

[70] 陈侠, 魏晓明, 徐光延. 多无人机模糊态势的分布式协同空战决策[J]. 上海交通大学学报, 2014, 48(7): 907-913, 921.

[71] Li P, Duan H. A potential game approach to multiple UAV cooperative search and surveillance[J]. Aerospace Science and Technology, 2017, 68: 403-415.

[72] Zhang M, Song J, Huang L, et al. Distributed cooperative search with collision avoidance for a team of unmanned aerial vehicles using gradient optimization[J]. Journal of Aerospace Engineering, 2017, 30(1): 04016064.

[73] Mansouri S S, Nikolakopoulos G, Gustafsson T. Distributed model predictive control for unmanned aerial vehicles[C]. Workshop on Research, Education and Development of Unmanned Aerial Systems, Cancun, 2015: 152-161.

[74] Zhen Z, Zhu P, Xue Y, et al. Distributed intelligent self-organized mission planning of multi-UAV for dynamic targets cooperative search-attack[J]. Chinese Journal of Aeronautics, 2019, 32(12): 2706-2716.

[75] Wang Y, Bai P, Liang X, et al. Reconnaissance mission conducted by UAV swarms based on distributed PSO path planning algorithms[J]. IEEE Access, 2019, 7(9): 105086-105099.

[76] Shakhatreh H, Sawalmeh A H, Al-Fuqaha A, et al. Unmanned aerial vehicles(UAVs): A survey on civil applications and key research challenges[J]. IEEE Access, 2019, 7(9): 48572-48634.

[77] Christie G, Shoemaker A, Kochersberger K, et al. Radiation search operations using scene understanding with autonomous UAV and UGV[J]. Journal of Field Robotics, 2017, 34(8): 1450-1468.

[78] 薛鹏, 阳再清. 军用无人机目标特性综述[J]. 指挥控制与仿真, 2016, 38(3): 76-78.

[79] 王文豪, 姚振兴, 李志鹏, 等. 无人作战体系在登陆场景中的运用[J]. 飞航导弹, 2018, (3): 33-35.

[80] Sebbane Y B. Intelligent Autonomy of UAVs: Advanced Missions and Future Use[M]. Boca Raton: CRC Press, 2018.

[81] Penicka R, Faigl J, Vana P, et al. Dubins orienteering problem with neighborhoods[C]. International Conference on Unmanned Aircraft Systems, Miami, 2017: 1555-1562.

[82] Chen Y, Zhang H, Ming X. The coverage problem in UAV network: A survey[C]. 5th International Conference on Computing, Communications and Networking Technologies, Hefei, 2014: 1-5.

[83] Wang K, Shen Y, Zhang F, et al. Regional coverage monitoring planning technology for multi-UAV based on pruning PSO[M]. Cham: Springer, 2018.

第2章　多无人机协同编组

多无人机编组控制指多架无人机根据任务要求进行的任务分组及队形排列。传统的集中式编组控制通信量大、计算过程复杂；分布式自主协同编组控制只需要简单的局部信息交换，计算量小，适应性强，具有良好的扩充性和容错性，从而提高了执行作战任务的灵活性。

2.1　概　　述

通过多无人机协同编组，可以将复杂任务分解为简单任务交由各架无人机去执行，同时解决各架无人机在时间和空间上的冲突，其优势包括扩展整体视野、延长飞行时间、降低飞行阻力[1]、提高任务的整体效率和成功率等。多无人机编组控制主要解决两个问题：一是编组，包括编组生成，以及遇到障碍物、无人机增减时的编组重构等；二是编组保持，即保持飞行过程中队伍的几何形状。

多无人机编组控制方法有多种分类。

按是否基于全局信息，可以分为集中式方法[2,3]和分散式方法[4-6]。集中式方法要求至少有一个集中协调器从各智能体收集状态信息及为各智能体生成控制输入，而分散式方法没有集中协调器，各智能体根据它们的局部信息采取行动来达到其既定目标。严格来说，目前编组控制策略中几乎没有集中式的方法，因为并不是每个编组成员都可以获得全部全局信息，各编组成员的控制器设计必须基于本地信息。

按是否保持固定几何形状，可以分为固定形态编组控制和非固定形态编组控制。前者要明确各智能体之间的位移或距离，而后者一般只规定诸如速度对准、防撞等所需的行为模式，未明确规定所需的编组形状。一般来说，编组作为一个刚体的固定形态编组控制问题研究较多[7,8]，而非固定形状编组问题则更多出现于编组群集[9,10]等编组控制任务中。

多无人机编组控制中最常见的是领导者/追随者[8,11]、虚拟结构[12,13]和基于行为[14]等结构方式，或者其混合方式[15,16]。领导者/追随者方法中，至少有一个智能体作为领导者，其余智能体被指定为追随者，领导者追踪其所期望的轨迹，而追随者追踪领导者的位置，并按照规定的偏移量进行追踪。虚拟结构方法中，编组作为一个单一的虚拟刚体设定一个虚拟几何中心，编组中并不指定某一架无人机作为领航者，而是所有无人机参照这一虚拟几何中心运动。行为方法为智能体规定了一些期望的行为，如避免碰撞、避开障碍和编组保持等，在编组飞行过程中每个无人机根据传感器信息和其他无人机的信息，将几种基本行为按照一定的策略进行加权合成，作为当前的输出行为来控制无人机。

针对传感器的感知能力和各智能体的交互拓扑，多无人机编组控制又可分为基于位置[17-19]、位移[20,21]和距离[22,23]等控制方法[24]。在基于位置的方法中，智能体根据全局坐标系测量自己的位置，并主动控制自己的位置，以获得所需的目标位置。由于依赖全球传感信息，基于位置的编组控制可被视为一种集中式的方法，在理想的条件下，可以在没有任何相互作用的情况下实现理想的编组。在基于位移的方法中，各智能体测量其相邻智能体相对于全局坐标系的相对位置，并主动控制其与邻近智能体的位移实现预期编组。该方法通常假设大多数智能体不测量其相对于全球坐标系的绝对位置，各智能体利用全局和局部的传感信息进行编组控制，所以它是一种集中式和分散式相结合的方法。在基于距离的方法中，各智能体测量其相邻智能体相对于自身局部坐标系的相对位置，而不需要了解全局坐标系，这些智能体通过主动控制相邻智能体的距离来实现所需的队形，该方法是一种分布式方法，其主要优点是各智能体不需要共享如全局坐标系等任何全局信息，其缺点是通常需要研究全局稳定性的问题。

多无人机编组控制中，具有刚性几何结构的编组控制是研究最多的，但多数研究只针对具有对称结构的编组形式。针对任意固定几何结构的多无人机协同编组问题，本书提出一种通用的基于层级网络和虚拟导航员的多无人机协同编组策略[25]，以及无人机群的多编组控制策略[26]。

2.2　多无人机协同编组控制

前面提到，多无人机协同编组控制主要解决以下两个问题：一是编组，包括编组生成，以及遇到障碍物、无人机增减时的编组重构等。二是编组保持，主要指飞行中几何形状的保持等。本节主要针对多无人机的协同编组，以及遇到障碍物、无人机增减时的编组重构。

2.2.1　多无人机协同编组问题建模

要实现多无人机的协同编组控制，先要对无人机的运动及其导航与感知问题进行建模分析。

1. 无人机运动模型

将常见的固定翼和旋翼飞行器等无人机定义为智能体对象，假设无人机在进行协同编组时主要采用定高飞行模式，即主要在二维平面内运动。

假设无人机的工作空间 $W \subset \mathbf{R}^2$ 是一个二维集合，其最小和最大速度满足 $0 \leqslant V_{min} < V_{max}$（旋翼无人机速度可以为 0），视无人机为一个具有速度向量的质心，其状态可表示为 $\zeta = (x;y;v;\psi) \in D = W \times [V_{min}, V_{max}] \times S$。此时，恒定高度下运动的无人机通用控制模型如下：

$$\begin{cases} \dot{x}(t) = v(t)\cos\psi(t) \\ \dot{y}(t) = v(t)\sin\psi(t) \\ \dot{v}(t) = u_1(t) \\ \dot{\psi}(t) = \dfrac{u_2(t)}{v(t)} \end{cases} \tag{2.1}$$

式中，x 和 y 代表二维坐标值；ψ 代表航向角；u_1 和 u_2 分别表示其切向和横向加速度。

假设无人机的机动能力很强，能够较快实现加速、减速、转弯甚至掉头，因此没有对航向角的控制做出严格限制。无人机需要符合一定的实用性约束，除了满足 $0 \leqslant V_{min} \leqslant |v| \leqslant V_{max}$ 的速度限制外，切向加速度应满足 $0 \leqslant |a^t| \leqslant A^t_{max}$，横向加速度应满足 $0 \leqslant |a^n| \leqslant A^n_{max}$。

2. 导航与感知模型

无人机的自主飞行主要需要航路点进行引导，其运动过程可以近似简化为不断地飞向规划的航路点序列[27]。在二维空域环境中，无人机的导航主要涉及位置坐标 (x, y) 的有序对、飞行速度 v 和个体加速度 a，一般由此即可以设计各种导航模型[28,29]。

无人机航路点导航模式如图 2.1 所示。假设某一时刻由无人机 $u(i)$ 指向航

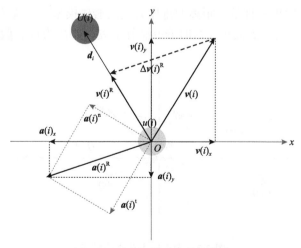

图 2.1　无人机航路点导航模式

路点 $U(i)$ 的位移矢量为 $\boldsymbol{d}_i$，其初始速度为 $\boldsymbol{v}(i)$，期望速度为 $\boldsymbol{v}(i)^{\mathrm{R}}$。瞬态情形下的加速度可以近似转化为速度的更新，所以需施加的加速度向量 $\boldsymbol{a}(i)^{\mathrm{R}} \approx \Delta \boldsymbol{v}(i)^{\mathrm{R}} = \boldsymbol{v}(i)^{\mathrm{R}} - \boldsymbol{v}(i)$。

考虑到无人机与指定航路点的距离也反映了一种运动趋势，一般认为距离越远时需要值越大的追赶速度 $\boldsymbol{v}(i)^{\mathrm{R}}$，可以假设其控制规律如下：

$$\boldsymbol{v}(i)^{\mathrm{R}} = \frac{\boldsymbol{d}_i}{|\boldsymbol{d}_i|} \cdot (|\boldsymbol{v}(i)| + |\boldsymbol{d}_i| \times k_{\mathrm{R}}) \tag{2.2}$$

式中，$k_{\mathrm{R}} > 0$ 称为导航反馈因子。若上述 $\left|\boldsymbol{v}(i)^{\mathrm{R}}\right|$ 大于 $V_{\max}$，则限制 $\boldsymbol{v}(i)^{\mathrm{R}} = \boldsymbol{d}_i / |\boldsymbol{d}_i| \cdot V_{\max}$。

通过对上述速度和加速的分解，可以进一步求得切向加速度 $\boldsymbol{a}(i)^{\mathrm{t}}$ 和横向加速度 $\boldsymbol{a}(i)^{\mathrm{n}}$ 的表达式如下：

$$\begin{cases} \boldsymbol{a}(i)^{\mathrm{t}} = \left(\boldsymbol{v}(i)_x \cdot \dfrac{\boldsymbol{v}(i) \cdot \boldsymbol{a}(i)^{\mathrm{R}}}{|\boldsymbol{v}(i)|^2}, \boldsymbol{v}(i)_y \cdot \dfrac{\boldsymbol{v}(i) \cdot \boldsymbol{a}(i)^{\mathrm{R}}}{|\boldsymbol{v}(i)|^2} \right) \\[3mm] \boldsymbol{a}(i)^{\mathrm{n}} = \left(\boldsymbol{v}(i)_y \cdot \dfrac{\boldsymbol{v}(i)_y \cdot \boldsymbol{a}(i)_x - \boldsymbol{v}(i)_x \cdot \boldsymbol{a}(i)_y}{|\boldsymbol{v}(i)|^2}, -\boldsymbol{v}(i)_x \cdot \dfrac{\boldsymbol{v}(i)_y \cdot \boldsymbol{a}(i)_x - \boldsymbol{v}(i)_x \cdot \boldsymbol{a}(i)_y}{|\boldsymbol{v}(i)|^2} \right) \end{cases} \tag{2.3}$$

根据施加的加速度 $\boldsymbol{a}(i)^{\mathrm{R}}$ 可以直接确定 $\boldsymbol{a}(i)^{\mathrm{t}}$ 和 $\boldsymbol{a}(i)^{\mathrm{n}}$。此时，对这两个加速度的大小也进行相应的限制，即可满足式(2.1)的运动控制模型。

与此同时，考虑到飞行安全，还应该避免发生任何形式的碰撞。假设智能体无人机具有较强的感知与规避能力，当与其他无人机或障碍物的间距小于安全距离时即可触发规避反应。

下面进一步给出一种基于距离型排斥力场的避碰模型[30]。无人机主动避障模式如图 2.2 所示。已知无人机飞行时能够感知的安全距离为 G，假设无人机 $u(m)$

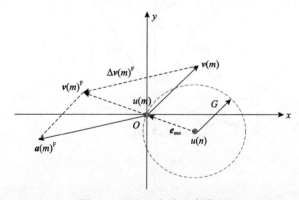

图 2.2　无人机主动避障模式

与 $u(n)$（$u(n)$ 可以是优先级更高的无人机或者是障碍物）的距离缩小至 G 时需要做出防撞反应。具体而言，假设 e_{mn} 为由 $u(n)$ 指向 $u(m)$ 的位移矢量，$u(m)$ 的初始速度为 $v(m)$，无人机期望获得的规避反应速度为 $v(m)^F$，同理可得近似的规避加速度 $a(m)^F \approx \Delta v(m)^F = v(m)^F - v(m)$，进一步也可以设定 $v(m)^F = (| v(m) | - | e_{mn} | \times k_F) \cdot e_{mn} / | e_{mn} |$（$k_F > 0$，称为防撞反馈因子），此时只需对 $v(m)^F$ 和 $a(m)^F$ 做出相应的限制。

综上所述，这里的智能体无人机可以不用严格区分是固定翼无人机还是旋翼无人机，其运动及导航规划属于一种基于力/位混合的自主控制模型，一方面通过加速度信息来进行运动控制，另一方面通过相关的位置信息来进行导航控制。

2.2.2 多无人机协同编组策略

随着飞行器性能和防空武器威力的不断增大、传感器精度的不断提高，固定形态的编组队形进一步趋向于间距较大的几何队形，此时不必考虑紧密编组的气动耦合效应。本节即针对非紧密几何结构(无人机的期望间距和安全距离都较大)，研究较为通用的多无人机协同编组策略。

1. 多无人机编组层次关系模型

假设无人机与地面中心的距离都小于通信距离，为了更好地解决多任务控制问题，无人机编组采用分散式结构。为便于管理各架无人机，需对无人机进行等级次序划分，即用两个维度对每架无人机的等级和次序进行划分。任意固定几何结构的编组控制结构采用长机-僚机机制和虚拟领航员结构，在该编组控制结构中有一架长机引导整个编组的飞行，而每架僚机有一个虚拟导航员引导其飞行。在图 2.3 所示的层级关系中，地面控制中心相当于整个系统的中央控制器，可连通

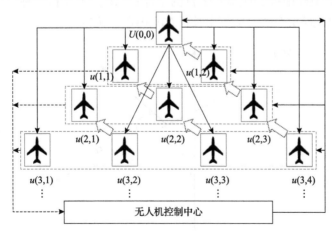

图 2.3　层级关系

所有无人机。设长机的编号为 $U(0,0)$，各僚机编号为 $u(i,j)$，僚机对应的虚拟领航员编号为 $U(i,j)$，其中 i 对应其层次结构，j 为其顺序，$i=1,2,\cdots,i_{max}$，$j=1,2,\cdots,j_{max}$。上述拓扑结构中，长机层级最高，僚机中 i 越小，则其层级越高，i 相同时 j 更小的无人机层级更高。

无人机之间的层级关系由地面控制中心根据编组结构提前设定，在无人机故障或被击落时也可进行动态调整，但一般应遵守邻近补位和层级变化简单的原则。

如图 2.3 所示的三角形队形中，$j_{max}=i_{max}+1$，当有无人机因各种原因而退出编组时，一种合理的层级关系变化策略是右后方的无人机补位，如虚线宽箭头所示：若长机 $U(0,0)$ 缺位，则 $u(1,2)$ 自动补位 $U(0,0)$；若僚机 $u(i,j)$ 缺位，则右下角僚机 $u(i+1,j+1)$ 自动补位，后续僚机也按此原则自动补位，最后根据编组结构重组的需要，将当前位于需要空位的僚机补位至调整结构后尚需要补缺的位置。

2. 虚拟领航员运动规律

在给出无人机期望队形后，长机沿设定航迹飞行，根据长机位置和编组队形结构，可实时计算所有虚拟领航员的相对位置。

虚拟领航员运动规律如图 2.4 所示。已知长机 $U(0,0)$ 某一时刻的位置坐标为 (u_x,u_y)，其速度矢量 $v(0,0)=(v_x,v_y)$，虚拟领航员 $U(i,j)$ 的位置坐标为 (U_x,U_y)，其指向长机 $U(0,0)$ 的位移向量 $c_{ij}=(u_x-U_x,u_y-U_y)$。c_{ij} 和 $v(0,0)$ 的夹角为 θ（逆时针为正，$-\pi \leqslant \theta \leqslant \pi$），定义 $z=c_{ij}\times v(0,0)$，则 z 向量相当于由右手法则生成的坐标系向量，其对应的坐标值记为 z，此时可得到

$$\begin{cases} c_{ij}\cdot v(0,0)=(u_x-U_x)\cdot v_x+(u_y-U_y)\cdot v_y=|c_{ij}|\cdot|v(0,0)|\cdot\cos\theta \\ z=(u_x-U_x)\cdot v_y+(u_y-U_y)\cdot v_x=|c_{ij}|\cdot|v(0,0)|\cdot\sin\theta \end{cases} \tag{2.4}$$

解方程组可得坐标虚拟领航员 $U(i,j)$ 的坐标 (U_x,U_y) 随长机坐标 (u_x,u_y) 的变化规律，即虚拟领航员 $U(i,j)$ 能够由长机 $U(0,0)$ 唯一确定。

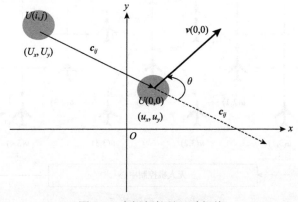

图 2.4　虚拟领航员运动规律

3. 无人机入列飞行和避障策略

每架僚机实时接收长机发送的相应虚拟领航员的运动信息，其主要任务是飞向虚拟领航员，最终达到的位置和速度应与其对应的虚拟领航员一致。

假设无人机 $u(i, j)$ 飞向虚拟领航员（入列）对应权重因子为 b_R，避免与它机碰撞（防撞）对应权重因子为 b_F。无人机协同编组的最终目的是入列，在飞行过程中则需注意防撞，为了提高编组效率，一般情况下 b_R 大于 b_F，则其加速度 $a(i, j)$ 可分解为

$$a(i, j) = b_R a(i, j)^R + b_F a(i, j)^F \tag{2.5}$$

多无人机进行协同编组任务前，地面控制中心一般已根据空域情况和编组规模进行了航迹规划。因此，长机按照设计飞行路线即可安全巡航，从而带领编组避开障碍物和禁飞区。另外，无人机飞行时应设有安全距离，当相互间距离小于安全距离时会进行规避；考虑到无人机之间有层级关系且避让行为是相互的，为了提高编组效率，可以假定低层级无人机主动避让高层级无人机。

假设安全距离为 G，当有 q 架无人机时，首先对多无人机对象按照优先级从高到低进行排序并编号，整体避撞的实现过程如下：

步骤 1　初始化 $p = q$。

步骤 2　对于第 p 架无人机，找出所有比其优先级高的无人机的集合 M_p。

步骤 3　计算集合 M_p 中每架无人机与第 p 架无人机的距离，得到距离小于 G 的集合 M_p'。

步骤 4　集合 M_p' 中的每架无人机都按避障原则对第 p 架无人机施加加速度影响，从而获得合成加速度 a_p^F。

步骤 5　$p = p - 1$。若 $p \geqslant 1$，返回步骤 2；否则，返回步骤 1 继续避障流程，直到满足编组条件后结束。

2.2.3　实验分析

假设长机沿设定航迹飞行，所有僚机也已处于巡航状态。下面利用作者所在实验室开发的无人机仿真实验平台验证多无人机的协同编组效果。

1. 形成几何编组

以 6 架无人机为例，多无人机拟形成三角形的几何队形结构，如图 2.5 所示。每架无人机都具有层级编号，其中 (0,0) 为长机，每架僚机各有一个虚拟导航员，实心白点就是各虚拟领航员的位置。

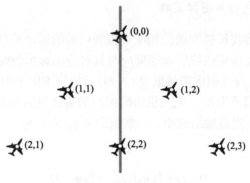

图 2.5　三角形编组

无人机协同编组中各无人机的基本参数如表 2.1 所示，其中 b_R 和 b_F 的取值为兼顾入列效率和防撞效果，经多次实验获取的经验值。

表 2.1　无人机基本参数

参数	V_{max} /(m/s)	V_{min} /(m/s)	A_{max}^t /(m/s^2)	A_{max}^n /(m/s^2)	R/m	G/m	b_R	b_F	k_R	k_F
取值	60	18	6	0.3	500	75	0.7	0.3	0.003	0.003

各无人机的初始位置 (x, y) 分为 [0, 700] 间随机值和 [0, 200] 间随机值，而各无人机的速度值为 30m/s，方向随机。

上述实验条件下得到的无人机运动轨迹和速度变化趋势如图 2.6 所示。仿真结果表明，在三角形编组形成过程中，僚机能很好地进入预定位置，且速度也较快收敛至期望值。

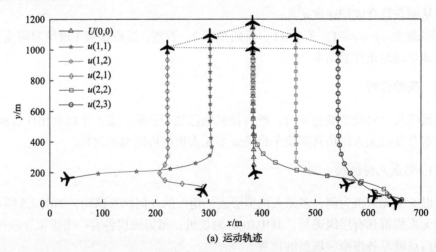

(a) 运动轨迹

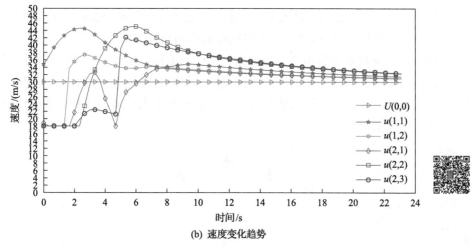

(b) 速度变化趋势

图 2.6　多无人机编组仿真结果（彩图请扫码）

2. 几何队形重构

假设上面情形中的长机突然出现故障需要退出编组，如图 2.7(a) 所示，剩余的 5 架无人机则计划变换成如图 2.7(c) 所示楔形几何结构。按照 2.2.2 节给出的无人机层级变化策略，最小最快的调整方式是 $u(1,2)$ 升级为新长机 $U(0,0)$，$u(2,3)$

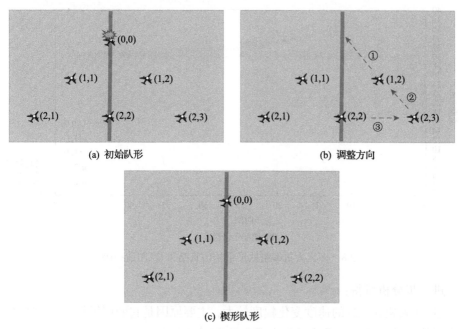

图 2.7　编组变换

自动补位 $u(1,2)$ ，根据最后调整图形的要求， $u(2,2)$ 需调整至 $u(2,3)$ 。位置图 2.7(b)给出了层级调整后新长机及所有僚机的瞬时虚拟目标方向。

保持仿真系统基本参数不变，当各无人机已形成稳定编组后，假设原长机因故障脱离编组关系，经过一定时间的重组飞行，得到各架无人机的运动轨迹和速度变化趋势如图 2.8 所示。仿真结果表明，剩余 5 架无人机可以顺利变换成楔形队形，速度也逐渐趋于一致。

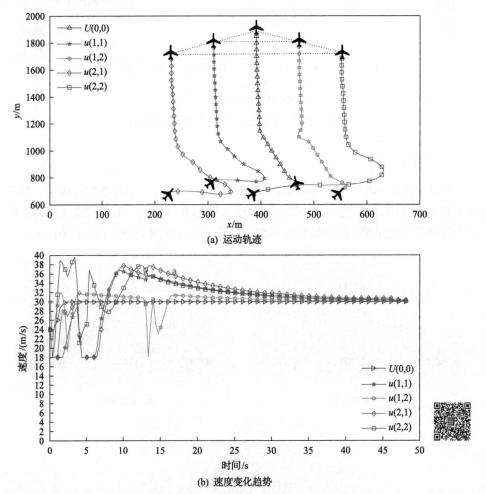

(a) 运动轨迹

(b) 速度变化趋势

图 2.8　多无人机编组队形重构仿真结果(彩图请扫码)

进一步分析可得：

(1)无人机 $u(2,2)$ 的速度变化幅度较大，主要原因是它的层级较低，且距离新的虚拟领航员较远，在重构过程中需要做出更多调整；

(2)无人机 $u(1,1)$ 和 $u(2,1)$ 的运动轨迹和速度变化比较类似,这是因为层级变化后,它们的初始相对位置与各自新虚拟领航员的相对位置是一致的。

2.3　无人机群多编组控制

随着无人机技术应用的进一步发展,越来越多的无人机以协同方式参与到各种任务中。例如在作战任务中,无人机面临的协同侦察、协同跟踪与协同打击等任务可能需要多无人机群编组,而在无人机群表演等任务中,也需要多个编组协同完成复杂的队形展示。然而,目前关于无人机群多编组控制研究的公开文献并不多。

针对多个具有任意几何结构的无人机群的多编组协同控制问题,基于 2.2 节所述的多无人机协同编组控制策略,本节提出了多维层级网络的概念和虚拟领航员的引导机制,分析编组重构过程中的自动调整策略,实现了无人机群的多编组控制。

2.3.1　无人机群多编组控制问题建模

无人机群多编组控制的基本模型类似于 2.2.2 节所述。随着无人机数量的增多,有时需要将机群划分为多个编组,如图 2.9 所示,图中的 4 个编组都有各自的长机,编组 2 的长机还引导整个编组的飞行,其他编组既要保持自身队形,还需保持与编组 2 的相对位置。

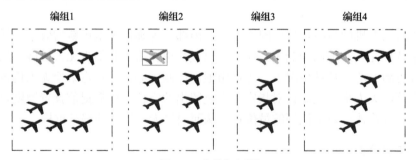

图 2.9　多编组问题

2.3.2　无人机群多编组控制策略

对于多编组问题,无人机协同控制过程中的虚拟领航员运动规律、入列飞行及避障防撞策略同 2.2 节,在此基础上提出多维层级网络和编组重构原则。

1)多维层级网络

为了解决多编组控制问题,图 2.3 所示层级网络需进一步扩充为三维矩阵形式,即每架无人机的编号需在前面增加一位,代表各编组号。不失一般性,假设引导整个编组飞行的长机编号表示为 $U(0,0,0)$,其中第一个 0 代表编组号、后两位 0 分别表示在当前编组中的层号和序号。相应地，"虚拟领航员"的定义也需要扩展：其他编组的虚拟长机需编号为 $U(1,0,0)$，$U(2,0,0)$，$U(3,0,0)$，$\cdots$，各编组僚机对应的虚拟领航员编号分别为 $U(i,j,k)$，其中 i 为编组号，j 和 k 分别为各编组中无人机对应的层级和序号。图 2.10 示意了一个三维层级网络，每个编组都有各自的队形结构。

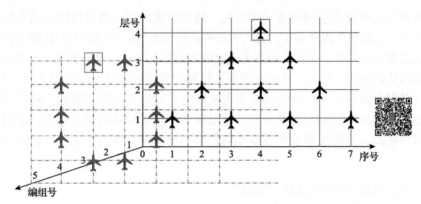

图 2.10　三维层级网络(彩图请扫码)

2）编组重构原则

当编组中的某一无人机故障或被击落时，若无人机位于各编组末尾，一般不用改变队形，否则，应该重构编组、更新层级网络，以确保维持队形，完成相关任务。

假设无人机的编组重构仅限于各编组内部，为确保编组更新的效率及尽量保证编组队形完整，地面控制中心应提前以最快更新队形和最少无人机调整的原则预设好更新方法。特殊情况下，也可由地面控制中心直接指定某架无人机替换故障或击落的无人机，然后针对指定无人机留出的空位，根据提前预置原则重构层级网络，并快速更新虚拟领航员位置，从而引导无人机群的编组重构。

2.3.3　实验分析

假设长机沿设定航迹飞行，其余飞机都已处于同一高度的巡航状态，下面利用仿真实验平台验证无人机群多编组控制效果。

实验仿真的每架无人机的基本参数设置如表 2.2 所示。

表 2.2　无人机参数

参数	取值	备注
$V_{\max}/(\mathrm{m/s})$	3.5	最大速度
$V_{\min}/(\mathrm{m/s})$	1.5	巡航速度

续表

参数	取值	备注
$A_{max}^t / (m/s^2)$	0.06	横向加速度最大值
$A_{max}^n / (m/s^2)$	0.25	轴向加速度最大值
$V_{init} / (m/s)$	1.0	无人机初始速度
k_R	0.02	无人机入列距离系数
k_F	0.02	无人机防止碰撞系数

其中，引导多编组的长机采用巡航速度飞行，其余无人机可采用最大速度入列。为了验证上述策略的可行性，分别采用对称/非对称结构两种多编组情形进行仿真实验。

1. 对称结构多编组

首先，利用 27 架无人机进行对称编组飞行，27 架无人机的初始位置随机，需要编组的四个队形分别是常见的三角形、菱形、"V"字形和方形。这四种队形都是对称编组形式，比较容易确定相应的位置参考点，各编组呈"一"字形排开，其中灰色无人机为每个编组的长机，如图 2.11 所示。

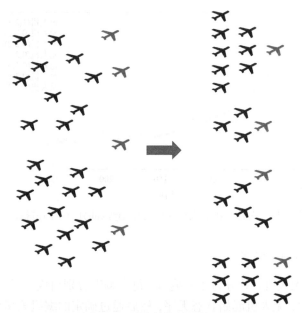

图 2.11　对称结构编组情况

采用上述策略进行编组时，无人机群整体的飞行方向大致为直线，每架无人机的运动轨迹如图2.12所示，最终形成的队形结构符合编组要求。

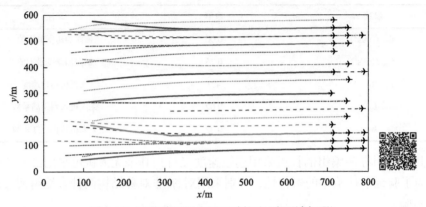

图 2.12　对称编组无人机运动轨迹（彩图请扫码）

　　无人机的运动轨迹表明其飞行一段时间后就能到达所属位置，但编组内的无人机较多，各自速度都会不断变化，在各编组中抽取部分无人机，其速度变化趋势如图2.13所示。由图可知，无人机在初始阶段的速度差异较大，且由于长机在编组的最前方，僚机一开始就会尽可能提升到最大速度进行追赶，等到将要追上时则逐渐降速至巡航速度。

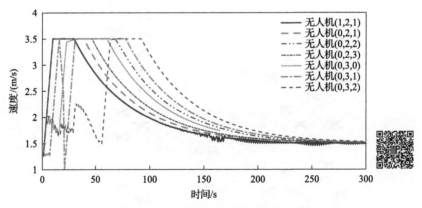

图 2.13　对称编组无人机速度变化趋势（部分）（彩图请扫码）

2. 非对称结构多编组

　　采用35架无人机，共分为4个编组，每个编组分别组成"2"、"0"、"1"、"7"这四个数字图案，无人机起始状态无序，然后通过确定的编组策略变成所需队形，总体变换效果如图2.14所示。为更贴近实际情形，假设无人机在编组过程中斜向飞行。

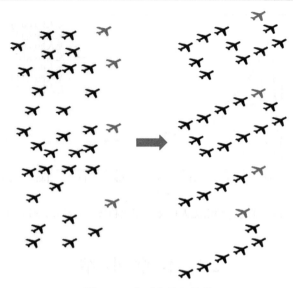

图 2.14　非对称编组情况

上述情况下的无人机群运动轨迹如图 2.15 所示，每架无人机的轨迹线用不同颜色进行区分，其最终位置以黑色飞机图案示意。图中为一个典型的避让例子：一架无人机属于数字"1"队形的最低层级，为了让高层级无人机能够快速到达前面位置，它主动进行了避让。该结果表明了层级制度的有效性，低层级无人机会主动减速避让，高层级无人机可以优先到达指定位置。

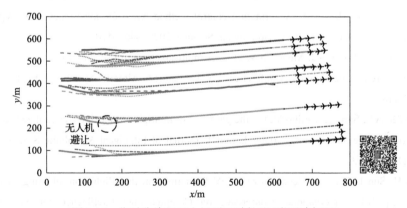

图 2.15　非对称编组无人机群运动轨迹(彩图请扫码)

由于无人机数量更多，且编组队形差异更大，各架无人机在飞行过程中的速度变化情况更加复杂，但其总体情况及变化趋势都是趋于稳定的。该实例中抽取的部分无人机的速度变化趋势如图 2.16 所示。

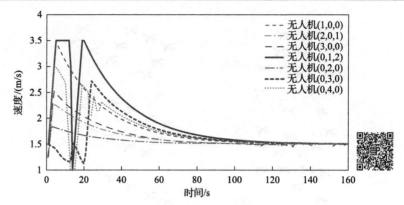

图 2.16 非对称编组无人机速度变化趋势(部分)(彩图请扫码)

2.4 本 章 小 结

多无人机编组是无人机集群完成各种协同任务的基础。本章对多无人机协同编组及其研究情况进行了概述,基于智能体模型、综合运用长机-僚机机制和虚拟领航员结构,重点介绍了基于二维和多维层级结构的多无人机协同编组策略,较好地解决了任意固定几何结构的多无人机协同编组和多编组的问题。

参 考 文 献

[1] Xue Y, Luo Y, Zhu M. UAV formation control method based on consistency strategy[J]. IOP Conference Series: Earth and Environmental Science, 2020, 440: 052084.

[2] Brandao A S, Barbosa J, Mendoza V, et al. A multi-layer control scheme for a centralized UAV formation[C]. International Conference on Unmanned Aircraft Systems, Orlando, 2014: 1181-1187.

[3] Brandão A S, Sarcinelli-Filho M. On the guidance of multiple UAV using a centralized formation control scheme and delaunay triangulation[J]. Journal of Intelligent & Robotic Systems, 2016, 84(1): 397-413.

[4] Min H, Sun F, Feng N. Decentralized UAV formation tracking flight control using gyroscopic force[C]. IEEE International Conference on Computational Intelligence for Measurement Systems and Applications, Hong Kong, 2009: 91-96.

[5] Wei M, He Z, Rong S, et al. Decentralized multi-UAV flight autonomy for moving convoys search and track[J]. IEEE Transactions on Control Systems Technology, 2017, 25(4): 1480-1487.

[6] Sayyaadi H, Soltani A. Decentralized polynomial trajectory generation for flight formation of quadrotors[J]. Proceedings of the Institution of Mechanical Engineers, Part K: Journal of Multi-body Dynamics, 2017, 231(4): 690-707.

[7] Anderson B, Fidan B, Yu C, et al. UAV formation control: Theory and application[J]. Lecture Notes in Control & Information Sciences, 2008, 371(3):15-33.

[8] Yun B, Chen B M, Lum K Y, et al. A leader-follower formation flight control scheme for UAV helicopters[C]. IEEE International Conference on Automation and Logistics, Qingdao, 2008: 39-44.

[9] Li B, Li J, Huang K W. Modeling and flocking consensus analysis for large-scale UAV swarms[J]. Mathematical Problems in Engineering, 2013, 2013(13): 1-9.

[10] Liu W, Gao Z. A distributed flocking control strategy for UAV groups[J]. Computer Communications, 2020, 153: 95-101.

[11] 吴立尧, 韩维, 张勇, 等. 基于领航-跟随的有人/无人机编队队形保持控制[J]. 控制与决策, 2020: 36(10): 1-8.

[12] Lewis M A, Tan K H. High precision formation control of mobile robots using virtual structures[J]. Autonomous Robots, 1997, 4(4): 387-403.

[13] Askari A, Mortazavi M, Talebi H A. UAV formation control via the virtual structure approach[J]. Journal of Aerospace Engineering, 2015, 28(1): 1-9.

[14] Balch T, Arkin R C. Behavior-based formation control for multi-robot teams[J]. IEEE Transactions on Robotics & Automation, 1999, 14(6): 926-939.

[15] Karimoddini A, Lin H, Chen B M, et al. Hybrid formation control of the unmanned aerial vehicles[J]. Mechatronics, 2011, 21(5): 886-898.

[16] Kownacki C. Multi-UAV flight using virtual structure combined with behavioral approach[J]. Acta Mechanica et Automatica, 2016, 10(2): 92-99.

[17] Ren W, Beard R W, Atkins E A. Information consensus in multivehicle cooperative control[J]. IEEE Control Systems Magazine, 2007, 27(2):71-82.

[18] Dong W, Farrell J A. Consensus of multiple nonholonomic systems[C]. 47th IEEE Conference on Decision and Control, Cancun, 2008: 2270-2275.

[19] Dong W, Farrell J A. Cooperative control of multiple nonholonomic mobile agents[J]. IEEE Transactions on Automatic Control, 2008, 53(6): 1434-1448.

[20] Wen G, Duan Z, Wei R, et al. Distributed consensus of multi-agent systems with general linear node dynamics and intermittent communications[C]. 24th Chinese Control and Decision Conference, Taiyuan, 2012: 1-5.

[21] Cortés J. Global and robust formation-shape stabilization of relative sensing networks[J]. Automatica, 2009, 45(12): 2754-2762.

[22] Kang S M, Park M C, Lee B H, et al. Distance-based formation control with a single moving leader[C]. American Control Conference, Portland, 2014: 305-310.

[23] Oh K Y, Ahn H U. Distance-based undirected formations of single-integrator and double-integrator modeled agents in *n*-dimensional space[J]. International Journal of Robust & Nonlinear Control, 2014, 24(12): 1809-1820.

[24] Oh K K, Park M C, Ahn H S. A survey of multi-agent formation control[J]. Automatica, 2015, 53: 424-440.

[25] 朱涛, 凌海风, 贺伟雄, 等. 基于层级网络的多无人机自主编队策略[J]. 飞行力学, 2018, 36(5): 43-48.

[26] 凌海风, 朱涛, 贺伟雄, 等. 无人机群多编组协同控制策略研究[C]. 全球智能工业创新大会暨全球创新技术成果转移大会——智能无人系统大会, 北京, 2018: 1-10.

[27] 魏瑞轩, 王树磊. 先进无人机系统制导与控制[M]. 北京: 国防工业出版社, 2017.

[28] 方洋旺, 邓天博, 符文星. 智能制导律研究综述[J]. 无人系统技术, 2020, 3(6): 36-42.

[29] 朱涛. 面向 ISR 任务的无人机协同规划及反制方法研究[D]. 南京: 陆军工程大学, 2021.

[30] 陈金良. 国之重器出版工程 无人机飞行防相撞技术[M]. 西安: 西北工业大学出版社, 2018.

第3章　多无人机协同侦察

随着控制、通信、感知、定位等技术的不断成熟，无人机在军事侦察领域的应用越来越普遍。多无人机以集群的方式协同执行侦察任务，能够显著地拓展侦察范围、提高侦察效率，并提高整体抗风险能力[1]，是未来战场上一种重要的军事行动方式。面对日益复杂的任务环境和不断扩大的集群规模，如何根据不同的任务情况制定不同的侦察策略使得整体效能最优，是多无人机协同侦察要解决的关键问题。

3.1　概　　述

侦察是一种情报搜集的手段，是指以侦测观察的方式来获悉所需敌情、地形、障碍物及工事等情形的情报资料。无人机执行侦察任务是利用自身所携带的传感器或者侦察资源对给定的任务目标或任务区域进行监控，从而获取情报资料[2]。多无人机协同侦察就是针对特定的任务目标或任务区域，设计合理的侦察策略，使多无人机能够以最小代价或最高收益快速、高效地覆盖所有任务目标或整个任务区域，从而获取目标信息并降低环境不确定性。按照侦察对象的不同，多无人机协同侦察主要分为针对任务区域的"点对面"协同侦察和针对任务目标的"点对点"协同侦察。

针对任务区域的"点对面"协同侦察需要覆盖整个任务区域，其侦察策略是首先按照某种规则将任务区域分割成多个子区域并分配给不同的无人机，然后针对每架无人机分配到的任务区域进行航迹规划，生成最佳覆盖策略，使得总体的侦察效益最高或代价最小。针对任务区域的分割包括边界处理和区域划分两个步骤，边界处理一般是将任务区域的凹多边形边界处理成凸多边形边界[3]，从而便于分割后进行飞行覆盖；区域划分是将边界范围内的凸多边形分割成多个区域，区域划分方法主要包括以最少转弯次数和为目标的划分[4]、以无人机性能限制为依据的划分[5]和基于图论的划分[6,7]等。对于覆盖侦察的航迹规划方法，包括以区域形状为主要约束的规划[8]、以侦察目标特性为主要约束的规划[3]和以环境不确定性为主要约束的规划[9]等。

针对任务目标的"点对点"协同侦察需要覆盖特定的一个或多个目标点，其侦察策略是首先按照某种规则将具体的任务目标点分配给不同的无人机，然后对每架无人机分配到的目标点进行航迹规划，生成最佳访问序列，使得总体的侦察效益最高或代价最小。对于任务分配，可以构建以整体侦察效能最优为目标的分配模型，然后采用数学规划法、协商法和群智能算法等方法[10]进行求解，从而实现最优分配。对于生成访问序列的航迹规划，主要规划出满足飞行安全要求和任务要求的最佳侦察序列，使多无人机总体以最小的代价完成任务，其规划过程包括环境建模和航迹搜索两个步骤。其中，环境建模的方法主要有图示法[11]和栅格法[12]，而航迹搜索的方法主要有启发式算法[13]、人工势场法[14]和群智能算法[15]等。

根据侦察对象的不同，本章分别介绍针对任务区域的"点对面"多无人机协同侦察和针对任务目标的"点对点"多无人机协同侦察的具体处理过程和规划方法。

3.2　针对任务区域的多无人机协同侦察

针对任务区域确定的多无人机协同侦察，在侦察过程中，由于任务区域的不规则，直接进行覆盖飞行会产生大量的无效飞行，所以需要针对不同的区域形状进行处理，减少无效的飞行时间，在此基础上进行飞行策略设计，使得多无人机整体的覆盖侦察效率最高。

3.2.1　区域覆盖侦察问题分析与建模

1. 扫描覆盖侦察问题分析

针对任务区域的协同侦察是一个扫描覆盖侦察问题。由于待侦察区域一般都是不规则的，无人机在扫描覆盖侦察的过程中，一般会存在一定的无效飞行区域，如图 3.1 所示，从而造成一定的无效消耗。扫描覆盖侦察问题可以转化为一种优化问题，即寻找一个最优的飞行方案，使得在付出较小代价(无效消耗少)的同时尽可能多(扫描覆盖区域大)地获取未知信息。

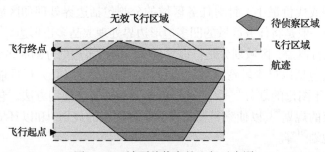

图 3.1　区域覆盖侦察的飞行示意图

多架无人机对任务区域进行扫描覆盖协同侦察，应在规定的时间范围内，尽可能以多无人机编组整体最小的代价获取最多的未知信息。在这一过程中，制定多无人机的飞行策略(即按照无人机数量对任务区域进行划分，并规划每架无人机的飞行路径)是最核心的问题。

无人机在转弯过程飞行效率会明显降低[16]，而当侦察区域的边界十分复杂时，无人机会在侦察区域边界进行多次转弯，而且多无人机协同覆盖侦察策略的决策计算难度也会大幅提高，因此为了避免不必要的资源浪费和提高决策效率，在制定协同覆盖侦察策略前需要对侦察区域进行区域处理。

侦察区域的边界形状是不固定的，总体上可分为凸多边形和凹多边形两大类，如图 3.2 所示。针对不同的边界复杂程度，无人机执行覆盖侦察任务的难度也有一定的差异。图 3.2(b)所示的凹多边形侦察区域，由于具有区域内陷等特点，其处理难度大于图 3.2(a)所示的凸多边形侦察区域。

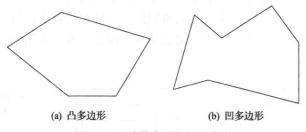

(a) 凸多边形　　　　　　(b) 凹多边形

图 3.2　区域侦察的边界示意图

因此，在制定多无人机协同覆盖侦察策略过程中，应首先对侦察区域边界进行合理的扩大补全处理，使得边界形状更加规整，减少转弯飞行带来的无效飞行，降低侦察决策的计算难度；然后根据无人机的数量、位置、协作方式等因素，将覆盖侦察区域划分为多个子区域；最后针对每架无人机，基于不同的子区域设计相应的飞行策略进行航迹规划，使得总体效益最高。协同侦察决策的整个过程如图 3.3 所示。

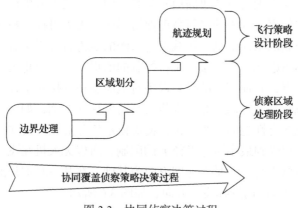

图 3.3　协同侦察决策过程

2. 扫描覆盖侦察问题建模

多无人机扫描覆盖侦察的决策涉及任务区域处理、航迹规划等过程，其基础是任务区域建模和无人机飞行建模。

1) 任务区域建模

为简化问题，本章的任务区域为不考虑地势高低的变化且边界已知的固定区域，即将侦察任务区域视 S 为一个水平面，有 $S \in \mathbf{R}^2$，因此在三维坐标系中高度坐标仅考虑无人机的飞行高度，而且多无人机在执行任务前，每架无人机均已获知任务区域的信息。

对于任务区域的覆盖侦察方式，最常见的两种为扫描线方式和内螺旋方式，如图 3.4 所示。为了使得上一扫描线与下一扫描线或者上一扫描区域与下一扫描区域更好地衔接，而且考虑多架无人机同时并行通过待覆盖区域，提高无人机侦察效率，往往采用扫描线方式进行覆盖侦察。因此，本章采用扫描线方式进行任务区域覆盖侦察。

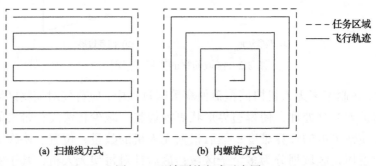

(a) 扫描线方式　　　　　　(b) 内螺旋方式

图 3.4　区域覆盖方式示意图

2) 无人机飞行建模

为了重点研究多无人机的协同侦察策略，假设每架无人机均配备了自主飞行控制系统，且在侦察过程中的飞行高度保持不变。无人机执行覆盖侦察任务时，通过机载设备来获取未知信息，机载设备探测的能力直接影响着多无人机协同搜索的效果。在不考虑无人机底层的飞行控制的前提下，可以将无人机抽象为在某一高度的运动质点，其侦察时的机载设备对地面俯视的探测半径，称之为覆盖半径[17]，形成的圆形覆盖区域就是无人机飞行时的探测范围，如图 3.5 所示。

由于无人机本身性能的制约，执行覆盖侦察任务的无人机往往不能实现原地转向，其转弯过程受到最小转弯半径 r 的限制，所以无人机在飞行过程中，不能以任意的方向转弯飞行，而是以速度方向为基础，在某一时刻只能在不小于最小转弯半径 r 的方向范围内选择飞行方向，如图 3.6 所示。

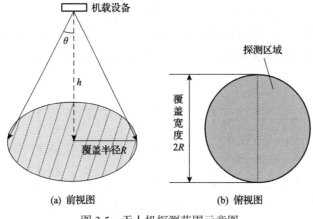

(a) 前视图　　　　　　　　(b) 俯视图

图 3.5　无人机探测范围示意图

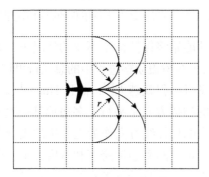

图 3.6　无人机转弯示意图

多架无人机之间的通信模式直接影响着协同侦察效果,而实际情况中无人机间的通信涉及诸多方面,是十分复杂的,但机间通信不是本章研究重点,因此进行合理的简化,认为当两架无人机在规定的机间距离内时,即可进行无差错的实时通信。

3.2.2　侦察区域处理

1. 凸多边形侦察区域处理

对于凸多边形覆盖侦察区域,处理的内容主要是确定其最高效的侦察飞行方向,使得无效飞行最少。

1)凸多边形最短飞行航迹

假设无人机覆盖侦察任务区域为矩形区域,长为 S,宽为 W,无人机的覆盖半径为 R,如图 3.7 所示。对于图 3.7(a)所示的无人机沿平行于矩形长边的飞行扫描侦察,无人机转弯次数为 3;对于图 3.7(b)所示的无人机沿平行于矩形短边的飞行扫描侦察，无人机转弯次数为 7，因此无人机沿图 3.7(b) 所示的方向进行侦察飞行时转弯次数多，总飞行里程大，因此二者比较，应当选择图 3.7(a) 所示的方向进行侦察飞行，即无人机转弯方向应平行于较长边方向，也即应垂直于较短边方向。

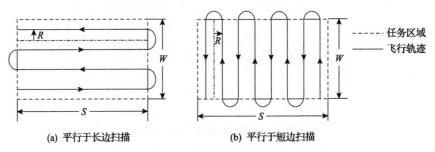

(a) 平行于长边扫描　　　　　　　(b) 平行于短边扫描

图 3.7　转弯次数对飞行里程的影响示意图

实际上，在无人机性能始终保持恒定不变的情况下，无人机侦察的覆盖范围也恒定不变，此时，无人机在覆盖侦察过程中的总飞行里程只与转弯次数有关，转弯次数越多，无人机总飞行里程就越大[3]；而且 Huang[8] 证明了对于多边形区域，覆盖路径转弯次数最少的扫描方向是平行于多边形某一边的方向，因此应尽量选择使无人机转弯次数最少的扫描线方向作为无人机的飞行方向。

对于凸多边形区域，定义凸多边形跨度和宽度如下：以凸多边形某条边为基准做一条重合该条边的直线，并移动该条直线至与该条边垂直距离最远的凸多边形顶点停止，则此时该顶点到其对边的垂直距离称为凸多边形的跨度。凸多边形跨度值的个数最多等于凸多边形的边数（考虑凸多边形中可能存在平行边的情况），所有跨度值中的最小值即为凸多边形的宽度，记为 L，凸多边形宽度对应的顶点和边分别为凸多边形的宽度顶点和宽度边，如图 3.8 所示。

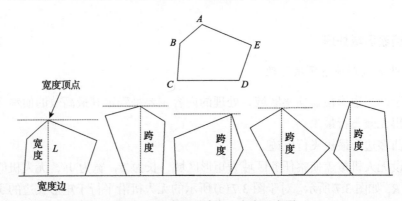

图 3.8　凸多边形跨度、宽度示意图

在无人机飞行高度和机载设备探测性能保持不变的情况下，无人机的探测宽度 w 为定值。因此，对于宽度为 L 的凸多边形区域，探测宽度为 w 的无人机，不考虑起点和终点为转弯点，其最少转弯次数 p 为

$$p = \text{ceil}(L / w) - 1 \tag{3.1}$$

式中，$\text{ceil}()$ 为向上取整函数。

从式 (3.1) 可知，在无人机探测宽度 w 一定的情况下，最少转弯次数 n 只与凸多边形的宽度 L 有关。对于凸多边形侦察区域，找到了凸多边形宽度后，只要沿着凸多边形宽度边方向飞行，就可以保证在侦察过程中的转弯次数最少，从而使无人机的总航迹最短。因此，求凸多边形侦察区域中最短飞行航迹问题，就转化为求凸多边形宽度的问题。

2) 凸多边形宽度的求解

对于凸多边形的逆时针顶点集合 $C = \{c_1, c_2, \cdots, c_n\}$，$n$ 为顶点个数，每个点都可以用坐标 (x, y) 来表示，第 i 条边表示以顶点 c_i 为起点、以 c_{i+1} 为终点的边，共有 $n-1$ 条边。已知一顶点 $c_j(x_j, y_j)$，求其到以点 $c_i(x_i, y_i)$ 和 $c_{i+1}(x_{i+1}, y_{i+1})$ 两点所形成的第 i 条边的距离平方的公式[16]如下：

$$d_{ij}^2 = \frac{((y_{i+1} - y_i)x_j - (x_{i+1} - x_i)y_j + x_{i+1}y_i - x_iy_{i+1})^2}{(y_{i+1} - y_i)^2 + (x_{i+1} - x_i)^2} \tag{3.2}$$

求解凸多边形宽度顶点和宽度边的方法如下。

步骤 1　根据式 (3.2) 依次计算凸多边形第 i 条边上除了第 i 条边的顶点 c_i、c_{i+1} 之外的其余 $n-2$ 个顶点 c_j 与第 i 条边的距离平方值 d_{ij}^2；

步骤 2　找出第 i 条边所有 d_{ij}^2 中的最大值记为第 i 条边的"点边"跨度平方值 s_i^2，并记录第 i 条边 s_i^2 所对应的 (i, j) 的索引值 $\text{max\_index}(i, j)$；

步骤 3　找出所有边对应的跨度平方值 s_i^2 中的最小值 $\min(s_i^2)$ 就是凸多边形的宽度平方值 L^2，开方即可得到宽度 L，$\min(s_i^2)$ 对应的边和顶点就是凸多边形的宽度边和宽度顶点。

综上，对于凸多边形任务区域的无人机侦察，只要计算获得凸多边形的宽度边，并沿着平行于宽度边的方向采用扫描式的覆盖侦察方式，就可以实现对凸多边形覆盖侦察的转弯次数最少，即可获得最短的侦察路径。

2. 凹多边形侦察区域处理

对于凹多边形侦察区域，由于有较多的狭长区域，会大量增加无人机执行侦

察任务时在狭长区域的转弯次数,从而造成大量的无效飞行,因而直接按照凹多边形的边界进行侦察飞行,显然不是最优的飞行策略。针对凹多边形的侦察区域处理,可以先通过移除凹点将凹多边形补全为包含凹多边形的最小凸多边形[18],再按照凸多边形的区域处理方法进行区域覆盖侦察。

1)凹多边形的凹点判定

为了移除凹点,首先得找到凹点。对于向量 $S(x_1, y_1)$ 和向量 $T(x_2, y_2)$,二者的叉积 $\text{cross}(S, T)$ 是一个标量,其计算公式为

$$\text{cross}(S, T) = S \times T = x_1 y_2 - x_2 y_1 \tag{3.3}$$

其计算结果的含义如下:

(1)若 $\text{cross}(S, T) > 0$,则表示向量 T 在向量 S 的逆时针转动的方向;

(2)若 $\text{cross}(S, T) = 0$,则表示向量 T 与向量 S 在同一条直线上;

(3)若 $\text{cross}(S, T) < 0$,则表示向量 T 在向量 S 的顺时针转动的方向。

对于图 3.2(a)所示的凸多边形,从任一顶点出发,沿逆时针方向经边依次遍历其余顶点,可见其上的每一条边相对于上一条边都是逆时针方向转动;对于图 3.2(b)所示的凹多边形,按照同样的方法经边遍历所有顶点,则其上的边相对于上一条边有的是逆时针方向转动,有的是顺时针方向转动,因此可以通过向量的叉积来判定凹多边形的顶点是否为凹点。

对于凹多边形的逆时针顶点序列集合 $C = \{c_1, c_2, \cdots, c_n\}$,$n$ 为顶点个数,其任意三个相邻的顶点 c_{i-1}, c_i, c_{i+1} 可以组成两个向量 $\overrightarrow{c_{i-1}c_i}$ 和 $\overrightarrow{c_ic_{i+1}}$,如果 $\text{cross}(\overrightarrow{c_{i-1}c_i},$ $\overrightarrow{c_ic_{i+1}}) < 0$,则两个向量的公共顶点 c_i 为该凹多边形的凹点。显然,对于凸多边形,

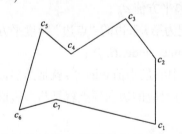

任意三个相邻顶点所构成的两个向量的叉积总是大于 0 的。

对于图 3.9 所示的凹多边形,其顶点序列集合为 $\{c_1, c_2, \cdots, c_7\}$,每个顶点的坐标为 (x_i, y_i),按照式(3.3)计算可得 $\text{cross}(\overrightarrow{c_3c_4},$ $\overrightarrow{c_4c_5}) < 0$ 和 $\text{cross}(\overrightarrow{c_6c_7}, \overrightarrow{c_7c_1}) < 0$,因此顶点 c_4 和 c_7 为该凹多边形的两个凹点。

图 3.9　向量叉积判定凹多边形的凹点

2)凹多边形的凹点处理

凹多边形的凹点处理是通过移除凹点将凹多边形补全为包含凹多边形的最小凸多边形的方法来进行,其处理算法的流程如图 3.10 所示。

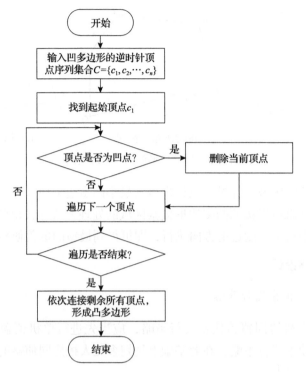

图 3.10　凹多边形的凹点处理流程图

具体步骤如下。

步骤 1　输入凹多边形的逆时针顶点序列集合 $C = \{c_1, c_2, \cdots, c_n\}$，并选择起始顶点 c_1 作为当前计算顶点 c_j。

步骤 2　计算 $\mathrm{cross}\left(\overrightarrow{c_{j-1}c_j}, \overrightarrow{c_jc_{j+1}}\right)$ 的值（当 $j=1$ 时，$c_{j-1}=c_n$；当 $j=n$ 时，$c_{j+1}=c_1$）。

步骤 3　若 $\mathrm{cross}\left(\overrightarrow{c_{j-1}c_j}, \overrightarrow{c_jc_{j+1}}\right) \geqslant 0$，说明当前计算顶点 c_j 不是凹点，则遍历下一个顶点，即令 $c_j = c_{j+1}$；若 $\mathrm{cross}\left(\overrightarrow{c_{j-1}c_j}, \overrightarrow{c_jc_{j+1}}\right) < 0$，说明当前计算顶点 c_j 是凹点，则在顶点序列集合 C 中删除当前计算顶点 c_j。

步骤 4　重复步骤 2 和步骤 3，直到当前计算顶点 c_j 为最后一个顶点 c_n。

步骤 5　将集合 C 中剩下的顶点按照序列依次连接，形成新的凸多边形，处理过程结束。

对于图 3.9 所示的凹多边形，按照上述的处理步骤，其处理实例过程如图 3.11 所示。图 3.11(a) 为处理之前的凹多边形，其顶点集合为 $\{c_1, c_2, c_3, c_4, c_5, c_6, c_7\}$；从 c_1 开始判断是否为凹点。图 3.11(b) 为去掉第一个凹点 c_4 后形成的凹多边形。图 3.11(c) 为去掉第二个凹点 c_7 后形成的最小外接凸多边形。

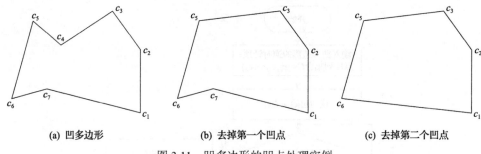

图 3.11   凹多边形的凹点处理实例

凹多边形侦察区域在经过凹点处理得到最小凸多边形后，凸多边形即为新的侦察区域，然后就可以按照凸多边形侦察区域的处理方式寻找得到凸多边形的宽度边，并按照平行于宽度边的方向飞行，即可得到最短的覆盖侦察路径。

3.2.3   飞行策略设计

1. 单机覆盖侦察飞行策略

研究多无人机协同覆盖侦察飞行策略，应当先进行单机覆盖侦察的航迹规划，制定覆盖侦察飞行策略，在此基础上规划多无人机协同侦察的飞行策略。

1) 覆盖侦察要求

无人机以固定飞行高度采用扫描方式对凸多边形区域进行覆盖侦察，其机载设备的探测区域为圆形，探测宽度为 w（$w=2R$），那么进行覆盖侦察时，需要满足两个条件：一是无人机飞行航迹最短；二是无遗漏覆盖整个凸多边形区域。

对于第一个条件，根据前面的分析，当经过区域处理获得凸多边形的宽度边后，沿着平行于宽度边的方向飞行，即可获得最少转弯次数的侦察路径。对于第二个条件，无人机采用扫描方式对凸多边形区域进行覆盖侦察，最大的问题在于可能存在遗漏覆盖区域。如图 3.12 所示，如果无人机从凸多边形区域边界线上的 A 点处起飞，则可能存在如图 3.12 所示的遗漏区域，所以无人机必须从图中所示的 B 点位置起飞才能保证无遗漏覆盖。因此，保证凸多边形区域无遗漏覆盖的关键是找出如图 3.12 中所示的 B 点那样的关键航点。

2) 关键航点求解

对于凸多边形的逆时针顶点序列集合 $C=\{c_1,c_2,\cdots,c_n\}$，n 为顶点个数，每个点都可以用坐标 (x,y) 来表示，第 i 条边表示以顶点 c_i 为起点、以 c_{i+1} 为终点的边，共有 $n-1$ 条边；无人机的探测宽度为 w，宽度边为 L_w。那么，无人机侦察飞行的关键航点存在以下几种情况：

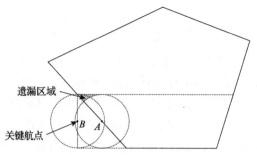

图 3.12　凸多边形区域扫描侦察遗漏区域示意图

(1)两条探测宽度分割线之间无凸多边形顶点。

当两条探测宽度分割线之间无凸多边形顶点时，无人机侦察飞行的关键航点一定位于两条探测宽度分割线中较长一条线与凸多边形边界线交点向较短一条探测宽度分割线延长线做垂线的交点形成的线段的中点位置。如图 3.13(a)所示，两条探测宽度分割线为 l_1 和 l_2（起始飞行时，有一条探测宽度线与宽度边重合，l_1 与宽度边 L_w 重合），与凸多边形的交点分别为 $v_1(x_1,y_1)$、$v_1'(x_1',y_1')$ 和 $v_2(x_2,y_2)$、$v_2'(x_2',y_2')$。由于 v_1 与 v_2、v_1' 与 v_2' 之间没有凸多边形顶点，且 $d_{v_2v_2'}>d_{v_1v_1'}$，所以此时关键航点 o_1 和 o_1' 的坐标为 $o_1\left(x_2,\dfrac{y_1+y_2}{2}\right)$ 和 $o_1'\left(x_2',\dfrac{y_1'+y_2'}{2}\right)$。

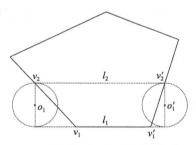
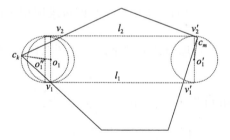

(a) 分割线之间无凸多边形顶点　　　　　　(b) 分割线之间有凸多边形顶点

图 3.13　凸多边形的关键航点示意图

(2)两条探测宽度分割线之间有凸多边形顶点。

当两条探测宽度分割线之间有凸多边形顶点时，无人机侦察飞行的关键航点一定位于两条探测宽度分割线的平分线上。如图 3.13(b)所示，两条探测宽度分割线为 l_1 和 l_2，与凸多边形的交点分别为 $v_1(x_1,y_1)$、$v_1'(x_1',y_1')$ 和 $v_2(x_2,y_2)$、$v_2'(x_2',y_2')$，而且 v_1 与 v_2 之间有凸多边形顶点 $c_k(x_k,y_k)$，v_1' 与 v_2' 之前有凸多边形顶点 $c_m(x_m,y_m)$。此时，关键航点的求解步骤如下。

步骤 1　按照两条探测宽度分割线之间无凸多边形顶点的情况，求解出初步

关键航点 o_1 和 o_1' 的坐标为 $o_1\left(x_1, \dfrac{y_1+y_2}{2}\right)$ 和 $o_1'\left(x_2', \dfrac{y_1'+y_2'}{2}\right)$。

步骤 2　依次计算两条探测宽度分割线之间所有凸多边形顶点与其对应的初步关键航点之间的距离 d，如果存在顶点 c_i，使得 $d_{c_i o} > w/2$，表明顶点 c_i 与初步关键航点 o 之间的距离大于探测半径 $w/2$，则初步关键航点不是最终关键航点。如图 3.13(b) 中，$d_{c_k o_1} > w/2$，则初步关键航点 o_1 不是最终关键航点，还得进一步计算，那么转入步骤 3。如果对于所有顶点 c_i，都有 $d_{c_i o} \leqslant w/2$，表明两条探测宽度分割线之间所有凸多边形顶点都在探测范围内，则初步关键航点就是最终的关键航点。如图 3.13(b) 中，$d_{c_m o_1'} < w/2$，则初步关键航点 o_1' 即最终关键航点。

步骤 3　针对初步关键航点不是最终关键航点的情况，最终关键航点一定在经过初步关键航点且平行于宽度边的两条探测宽度分割线的平分线上，故平行于宽度边移动初步关键航点，当探测区域刚好覆盖两条探测宽度分割线之间所有的凸多边形顶点时，即是最终关键航点的位置，此时设最终关键航点的坐标为 $o(x, y)$，那么最短航迹条件下，一定存在一个凸多边形顶点 $c_i(x_i, y_i)$ 满足

$$\sqrt{(x_i - x)^2 + (y_i - y)^2} = \frac{w}{2} \tag{3.4}$$

由于凸多边形顶点是已知的，且第一步已经求解得出最终关键航点的纵坐标 y 值，所以利用式 (3.4) 即可求解得出最终关键航点的横坐标 x 值，从而得到最终关键航点的完整坐标。在图 3.13(b) 中，有 $\sqrt{(x_k - x)^2 + \left(y_k - \dfrac{y_1+y_2}{2}\right)^2} = \dfrac{w}{2}$，

求解得出 $x = x_k + \sqrt{\dfrac{w^2}{4} - \left(y_k - \dfrac{y_1+y_2}{2}\right)^2}$，即最终关键航点 o_1'' 和 o_1' 的坐标为：

$o_1''\left(x_k + \sqrt{\dfrac{w^2}{4} - \left(y_k - \dfrac{y_1+y_2}{2}\right)^2}, \dfrac{y_1+y_2}{2}\right)$ 和 $o_1'\left(x_2', \dfrac{y_1'+y_2'}{2}\right)$。

对于上述第 (1) 和 (2) 两种情况，凸多边形的顶点坐标是侦察区域的已知信息，而探测区域分割线与凸多边形边界的交点坐标可以根据无人机平行于凸多边形宽度边飞行且探测宽度已知很方便地求出[19]，在此不再赘述。

3)转移路径求解

确定了关键航点之后，当无人机从某个航点转移到不在同一直线上的另一航点时，要使总体飞行航迹最短，那么转移路径也要最短。利用 Dubins 路径可将任何路径表示为圆弧线和直线的组合，可用于实现两关键航点之间转移的最短路径[20]。对于关键航点 $o_1(x_{o_1}, y_{o_1})$ 和 $o_2(x_{o_2}, y_{o_2})$，根据无人机最小转弯半径 r 与

无人机探测半径 $R(R=w/2)$ 之间的不同大小关系，其转移路径求解有以下几种情况。

（1）$R \geqslant r$。当 $R \geqslant r$，即无人机的探测半径大于等于最小转弯半径时，转移路径由两段圆弧和一段直线组成，而且圆弧的半径为无人机的最小转弯半径 r，直线为两段圆弧的公切线，如图 3.14 所示。

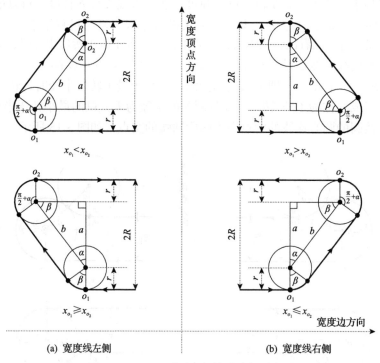

图 3.14 $R \geqslant r$ 时无人机转移路径示意图

若无人机在凸多边形宽度线左侧转弯飞行，则转移路径的飞行过程为右转、直线、右转，称为 U 形转弯，如图 3.14(a)所示。此时，$a=2R-2r$，$b=\sqrt{\left(x_{o_1}-x_{o_2}\right)^2+\left(y_{o_1}-y_{o_2}\right)^2}$，则 $\alpha=\arccos\dfrac{a}{b}=\arccos\dfrac{2(R-r)}{\sqrt{\left(x_{o_1}-x_{o_2}\right)^2+\left(y_{o_1}-y_{o_2}\right)^2}}$，

$\beta=\dfrac{\pi}{2}-\alpha$。因此，当 $x_{o_1}<x_{o_2}$ 时，无人机转移路径为：从关键航点 o_1 开始，先以最小转弯半径 r 右转飞行 $\pi/2+\alpha$ 弧度，然后直线飞行 b 长度，再以最小转弯半径 r 右转飞行 β 弧度；当 $x_{o_1} \geqslant x_{o_2}$ 时，无人机转移路径为：从关键航点 o_1 开始，先以最小转弯半径 r 右转飞行 β 弧度，然后直线飞行 b 长度，再以最小转弯半径 r 右转飞行 $\pi/2+\alpha$ 弧度，最后达到关键航点 o_2，转弯过程结束。

　　若无人机在凸多边形宽度线右侧转弯飞行，则转移路径的飞行过程为左转、直线、左转，如图 3.14(b)所示。此时，a、b、α、β 的值与无人机在宽度线左侧转弯飞行时相同，因此，当 $x_{o_1} > x_{o_2}$ 时，无人机转移路径为：从关键航点 o_1 开始，先以最小转弯半径 r 左转飞行 $\pi/2 + \alpha$ 弧度，然后直线飞行 b 长度，再以最小转弯半径 r 左转飞行 β 弧度；当 $x_{o_1} \leqslant x_{o_2}$ 时，无人机转移路径为：从关键航点 o_1 开始，先以最小转弯半径 r 左转飞行 β 弧度，然后直线飞行 b 长度，再以最小转弯半径 r 左转飞行 $\pi/2 + \alpha$ 弧度，最后达到关键航点 o_2，转弯过程结束。

　　从上述分析可以看出，当无人机探测半径大于等于最小转弯半径时，无论是在凸多边形宽度线左侧还是在右侧转弯飞行，其转弯飞行的角度都为 $\pi/2 + \alpha + \beta = \pi$。

　　(2) $R < r$。当 $R < r$，即无人机的探测半径小于最小转弯半径时，转移路径由两段圆弧组成，称为 Ω 形转弯，而且圆弧的半径为无人机的最小转弯半径 r，两段圆弧外接圆的圆心连线的中点即为两段圆弧的交点，如图 3.15 所示。

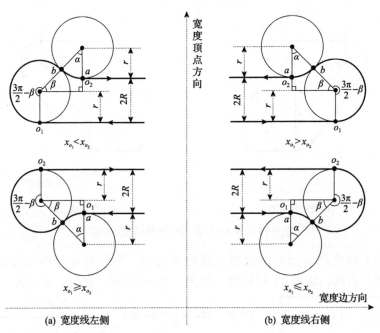

图 3.15　$R < r$ 时无人机转移路径示意图

　　若无人机在凸多边形宽度线左侧转弯飞行，如图 3.15(a)所示，此时，$a = 2R$，$b = \sqrt{\left(x_{o_1} - x_{o_2}\right)^2 + \left(y_{o_1} - y_{o_2}\right)^2}$，则 $\alpha = \arccos \dfrac{a}{b} = \arccos \dfrac{2R}{\sqrt{\left(x_{o_1} - x_{o_2}\right)^2 + \left(y_{o_1} - y_{o_2}\right)^2}}$，$\beta = \dfrac{\pi}{2} - \alpha$。因此，当 $x_{o_1} < x_{o_2}$ 时，无人机转移路径为：从关键航点 o_1 开始，先以

最小转弯半径 r 右转飞行 $3\pi/2 - \beta$ 弧度，再左转飞行 α 弧度；当 $x_{o_1} \geqslant x_{o_2}$ 时，无人机转移路径为：从关键航点 o_1 开始，先以最小转弯半径 r 左转飞行 α 弧度，再右转飞行 $3\pi/2 - \beta$ 弧度，最后达到关键航点 o_2，转弯过程结束。

若无人机在凸多边形宽度线右侧转弯飞行，如图 3.15(b) 所示，此时 a、b、α、β 的值与无人机在宽度线左侧转弯飞行时相同。因此，当 $x_{o_1} > x_{o_2}$ 时，无人机转移路径为：从关键航点 o_1 开始，先以最小转弯半径 r 左转飞行 $3\pi/2 - \beta$ 弧度，再右转飞行 α 弧度；当 $x_{o_1} \leqslant x_{o_2}$ 时，无人机转移路径为：从关键航点 o_1 开始，先以最小转弯半径 r 右转飞行 α 弧度，再左转飞行 $3\pi/2 - \beta$ 弧度，最后达到关键航点 o_2，转弯过程结束。

从上述分析可以看出，当无人机探测半径小于最小转弯半径时，无论是在凸多边形宽度线左侧还是在右侧转弯飞行，其转弯飞行的角度都为 $\alpha + 3\pi/2 - \beta = \pi + 2\alpha$，比无人机探测半径大于等于最小转弯半径时的转弯飞行角度 π 要大，即 Ω 形转弯的角度要大于 U 形转弯的飞行角度。

综上，确定无人机飞行的关键航点和转移路径后，即可采用扫描方式实现最短航迹的单机覆盖侦察。

2. 多无人机协同覆盖侦察飞行策略

由于无人机转弯飞行时的能耗远大于直线飞行时的能耗，而转弯飞行时的速度又远小于直线飞行时的速度[16]，所以多无人机协同侦察时，应使总的转弯次数尽可能少，当转弯次数一定时，应使转弯的路径尽可能短(尽可能采用 U 形转弯)。故针对不同的具体情况，可以制定多种不同的多无人机协同侦察飞行策略。

1) 多无人机顺序协同覆盖侦察飞行策略

当无人机的探测半径大于最小转弯半径时，无人机采用 U 形转弯飞行，其转弯路程已经是最短的了，那么为了提高多无人机的协同侦察效率，可以采用分区域的多无人机顺序协同覆盖侦察飞行策略，即将侦察任务区域按照无人机的数量划分为多个任务子区域，然后向每个子区域分配单架无人机，各无人机按照任务区域顺序执行侦察任务。

将任务区域划分为多个子区域的标准主要有两种，一是按照划分后各个子区域的飞行里程(或飞行时间)相等进行划分，如图 3.16(a) 所示，其优点是各个子区域无人机的侦察时间相同，便于保持整体的同步，但划分点一般在区域之中，各架无人机从待机地点飞行到任务起点需要较长距离的无效飞行；二是按照划分后各个子区域的探测面积相等进行划分，如图 3.16(b) 所示，其优点是划分后的各个子区域，每架无人机的侦察飞行均可从区域边界开始，便于布置，但由于划分后各个子区域的形状不同，虽然面积相同，但转弯次数可能不同，使得每架无人机侦察飞行的距离和时间也会有所不同。

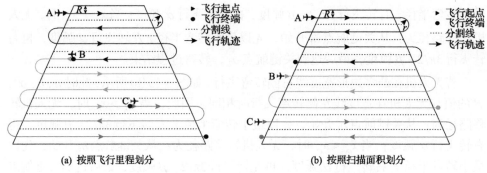

(a) 按照飞行里程划分　　　　　　　　(b) 按照扫描面积划分

图 3.16　多无人机顺序协同覆盖侦察飞行策略示意图

2) 多无人机并行协同覆盖侦察飞行策略

当无人机的探测半径小于最小转弯半径时，无人机采用 Ω 形转弯飞行，而 Ω 形转弯飞行在任务区域外部的转弯路程较大，且这一段飞行对于任务区域属于无效侦察。因此可以采用多无人机并行协同覆盖侦察飞行策略，通过多无人机的飞行组合，将 Ω 形转弯飞行转化为 U 形转弯飞行，从而减少无人机的转弯路程，提高多无人机的协同侦察效率。

三架无人机并行协同覆盖侦察的飞行策略如图 3.17 所示，无人机的探测半径为 R，最小转弯半径为 r，那么每次转弯时每架无人机在任务区域外的飞行路程为：在任务区域边界的关键航点先以半径 r 转弯飞行 $\pi/2$ 弧度，然后直线飞行 $(6R-2r)$ 长度，再以半径 r 转弯飞行 $\pi/2$ 弧度到达任务区域边界的另一关键航点，从而再次进入任务区域，每次转弯过程中的飞行里程为 $(6R-2r)+\pi r$。

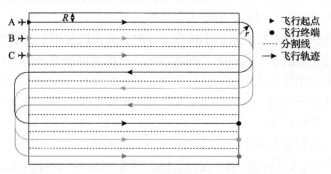

图 3.17　多无人机并行协同覆盖侦察飞行策略示意图

那么，对于 n 架无人机采用并行协同侦察的飞行策略，所有无人机每次转弯时的飞行里程为 $(2R\times n-2r)$，其飞行过程为：n 架无人机从任务区域边界处的关键航点开始进入侦察区域，沿平行于宽度边的方向飞行到边界处的下一关键航点后，以半径 r 转弯飞行 $\pi/2$ 弧度，然后直线飞行 $(2R\times n-2r)$ 长度，再以半径 r 转

弯飞行 π/2 弧度到达边界的下一关键航点后，继续沿平行于宽度边的方向飞行到边界处的下一关键航点，开始下一次的转弯飞行，无人机按此不断在任务区域内直线飞行和在区域外转弯飞行，直到扫描覆盖完整个任务区域。

与单机覆盖侦察的飞行策略相比，多无人机并行协同覆盖侦察的飞行策略在任务区域外的转弯飞行距离大幅减少而直线飞行的距离有所增加，但无人机在直线飞行时的速度远大于转弯时的速度，而能耗远小于转弯时的能耗，因此通过多无人机并行协同覆盖侦察飞行策略，能够有效解决当无人机最小转弯半径大于探测半径时的 Ω 形转弯问题，从而提高了多无人机的整体侦察效率。

3.2.4　实验分析

1. 实验设计

根据实际可能的侦察任务区域形状，设实验中的任务区域多边形如图 3.18 所示，多边形中各个顶点的坐标依次为：(0.5,0)，(1.8,0)，(2.1,0.4)，(2.3,1.2)，(1.7,1.5)，(1.5,0.5)，(1.1,1.6)，(0.8,1.5)，(0.4,1.1)，(0.1,0.5)。

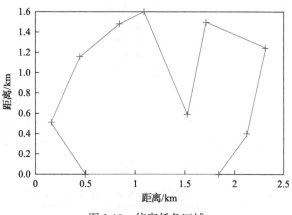

图 3.18　侦察任务区域

对于实际的侦察无人机，其最小转弯半径往往大于探测半径，因此设侦察无人机的最小转弯半径为 60m，机载设备的探测半径为 40m，直线飞行速度为 50m/s，转弯飞行速度为 20m/s。

2. 侦察区域处理仿真

首先根据侦察区域多边形的顶点信息判定多边形中的凹点，然后采用凹点处理方法得到该凹多边形的最小外接凸多边形，获得处理后的搜索任务区域边界，如图 3.19 所示。

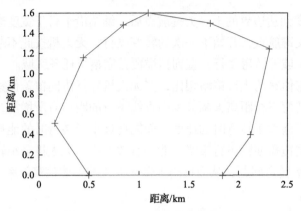

图 3.19　凹点处理后的侦察任务区域

　　为了对比分析处理前后无人机侦察的效率，采用单机扫描的方式进行覆盖侦察，如图 3.20 所示，侦察飞行过程中的相关数据如表 3.1 所示。

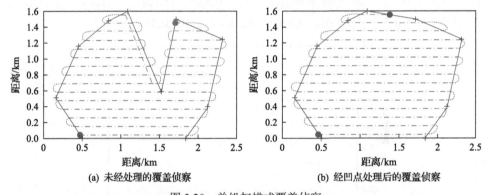

(a) 未经处理的覆盖侦察　　　　　　　　　(b) 经凹点处理后的覆盖侦察

图 3.20　单机扫描式覆盖侦察

表 3.1　无人机侦察区域处理前后的相关数据比较

处理方式	直线距离/m	转弯距离/m	总距离/m	飞行时间/s
未经处理	30111	8761	38872	1040.3
经过凹点处理	33165	5369	38534	931.7

　　从表 3.1 可以看出，经过凹点处理后的多边形，虽然直线飞行距离有所增加，但是转弯距离大幅度减少，在实际搜索飞行任务当中，无人机在转弯时的飞行消耗要比直飞时消耗更多的能量，因此在飞行总距离相差不大的情况下，弧形航路越多则消耗能量越多，经过凹点处理后总搜索距离相差不多，但转弯距离缩短明显，搜索时间减少 108.6s，减少比例为 10.4%，无人机搜索效率有所提升。因此，该凹多边形的处理方法是一种行之有效的提高无人机搜索效率的处理方法。

3. 协同侦察飞行策略仿真

为了对比分析不同飞行策略的多无人机协同侦察效率，采用三架无人机进行协同侦察，如图 3.21 所示，侦察飞行过程中的相关数据如表 3.2 所示。

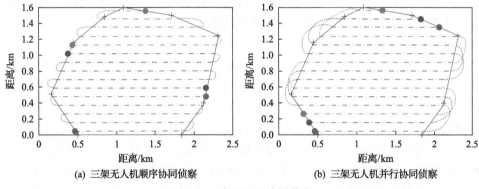

(a) 三架无人机顺序协同侦察　　　　　　　　(b) 三架无人机并行协同侦察

图 3.21　多无人机协同侦察

表 3.2　无人机协同侦察方式的相关数据比较

侦察方式	直线距离/m	转弯距离/m	总距离/m	飞行时间/s
三机顺序协同覆盖侦察	33165	5369	38534	931.7
三机并行协同覆盖侦察	37043	1601	38644	820.9

从表 3.2 可以看出，与三机顺序协同覆盖侦察飞行策略相比，三机并行协同覆盖侦察飞行策略虽然直线飞行距离有所增加，但是转弯飞行距离大幅度减少，而两者飞行的总距离相差不大，由于转弯飞行的速度明显比直线飞行的速度慢，所以转弯飞行距离明显短的三机并行协同覆盖侦察的搜索时间比三机顺序协同覆盖侦察的搜索时间减少 110.8s，减少比例为 11.9%，无人机搜索效率提升较大。因此，多无人机并行协同覆盖侦察是一种较为合理的飞行策略，可以达到较好的搜索效果。

3.3　针对任务目标的多无人机协同侦察

针对任务目标的多无人机协同侦察问题，考虑两个基本场景：一是区域内分布着较多的待侦察目标而无人机相对较少，二是待侦察目标不区分价值但分散在复杂环境空间。此时，多无人机协同侦察的目的是尽快完成所有目标的抵近遍历侦察，而待侦察目标的分配直接影响着完成任务的时间。

3.3.1　目标遍历侦察问题分析与建模

对于位置信息确定的多目标覆盖侦察，通常可以建模为针对各个兴趣点目标的抵近识别及定向运动问题进行研究。为了满足环境约束条件，此时的定向运动问题还需要充分考虑无人机的动力学约束。

1. 环境地图网络划分

针对任务目标的协同侦察是一个目标遍历侦察问题。无人机对任务目标的侦察属于抵近侦察，当待侦察目标位于机载传感器的一定精度范围内时，即可完成该目标的识别。

对于抵近侦察，需要首先建立环境地图。无人机采用定高模式进行抵近飞行，在二维地图中，对环境区域进行离散化即可得到一系列地图栅格。一般而言，越精细的地图栅格，无人机的侦察运动轨迹越精准，但过于精细的栅格容易导致路径规划的组合爆炸问题，因此必须合理控制栅格的粒度。栅格化后的环境是一种理想的"图式"环境，对于其中的每个栅格，其状态有两种(如图 3.22 所示)：一种是网格障碍物或威胁对应的占用空间(图中的黑色网格)，表示无人机的飞行禁区，另一种是无人机可以自由飞行的配置空间(图中的白色网格)，其中包含了待侦察目标(图中五角星所示)。

在抵近侦察过程中，忽略通信的影响，简化为只要无人机质点进入某个目标所在的网格，则认为该无人机传感器可以聚束于该网格区域，其中的点目标即可被侦察识别。此时，所有需要抵近的目标位置可被近似转换为各个目标所在的网格单元。

当无人机位于某个网格进行侦察后，可以向邻近的八个方向转移，如图 3.23 所示，且图中"1"对应的四个转移方向与"2"对应的四个转移方向的转移路径代价认为近似相同，即无人机的路径决策可以描述为一种"树状"的八向连通图。

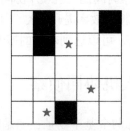

图 3.22　多目标遍历侦察的"图式"环境

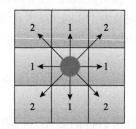

图 3.23　八连通路径决策

2. 遍历侦察问题建模

遍历侦察的主要目标是快速、高效，多无人机协同遍历侦察的总目标是使得完成任务时需要付出的代价尽可能小，即可抽象为如下的规划问题：

$$\min \max \sum_{x_k \in \Omega} R(x_k) y_k$$

$$\text{s.t.} \begin{cases} \sum_{x_k \in \Omega} a_{ik} y_k \geqslant 1, & i = 1, 2, \cdots, n \\ \sum_{x_k \in \Omega} y_k \leqslant m, & y_k \in \{0, 1\} \end{cases} \tag{3.5}$$

式中，Ω 表示所有可行路径的集合；$R(x_k)$ 为路径 $x_k \in \Omega$ 对应的路程或时间代价。目标函数表示需要最小化多架无人机中的最大代价。

如果路径 x_k 访问节点 i，则 $a_{ik} = 1$，否则 $a_{ik} = 0$；如果路径 $x_k \in \Omega$ 已被访问，则 $y_k = 1$，否则 $y_k = 0$。第一个约束意味着每个节点至少应被访问一次，第二个约束则确保在可行的解决方案中最多有 m 条路径。

将每个网格当作有向图上的一个点，则针对多个任务目标进行多无人机协同侦察，需要首先将多个任务目标合理地分配给各架无人机，然后对各架无人机分配到的任务目标点进行侦察路径规划。可采用如下策略：首先根据欧氏距离的排序来快速确定最近邻目标，然后基于栅格航路点采用单步贪心策略自主运动，实现最小连通，同时设计了回溯机制以实现回退，从而确保无人机可以沿着安全的网格抵近相应的目标单元，重复上述过程即可完成对所有任务目标的抵近侦察。

3.3.2　连通路径分配算法

要对所有目标进行最小连通，则相当于要建立一张稀疏图，形成一条连通所有目标的安全飞行走廊，其核心是最小连通路径的生成算法。

1. 最小连通路径算法

在网格化的"图式"环境中，非禁区的自由网格称为安全网格，则构建最小连通路径等价于在给定的"图式"环境中用最少的安全网格将各个目标单元串联起来，即对分散的网格目标进行最小化连通[21]。

本书提出最小连通路径（minimum connected path, MCP）算法，其主要流程如下：任取一个目标网格，按照八连通模式找到该网格的相邻网格。如果还有不在连通路网的目标网格，则找到距离路网最近的那个目标网格，从最近的那个网格到连通路网中间的那些非禁区网格即是所需的连通网格。重复上述过程，直到所有目标网格全部连通为止。整个算法的伪代码如算法 3.1 所示，其中 G 代表所有非禁区网格的集合，$g_i \in G$ 代表第 i 个目标网格（此时有布尔状态函数 $\mathrm{goal}(g_i) = 1$，$i = 1, 2, \cdots, N$），A 代表所有已计算的网格集合，W 代表所有待计算的网格集合，B 代表所有未计算的网格集合。返回的集合 A 即可组成最小化的连通路径。

算法 3.1　最小连通路径算法

1. 初始化：令 $A = W = \varnothing$，$B = \left\{ g_i \in G \mid \mathrm{goal}(g_i) = 1 \right\}$，从 B 任取一个网格 $g^{(0)}$，在 B 中删除网格 $g^{(0)}$，将其加入 W 中；

2. **while** $\left(W \neq \varnothing \ \text{ or } \ B \neq \varnothing \right)$ **do**：

3. 　令 $\mathrm{proSet} = \varnothing$，对于 W 中的每一个待计算网格 g'，把其加入 A 中，计算 g' 的所有相邻网格，加入 proSet 中；

4. 　令 $W = \varnothing$，对于 proSet 中的每一个网格 g_{temp}，如果 g_{temp} 不在 A 中，且 $\mathrm{goal}(g_{\mathrm{temp}}) = 1$，则将 g_{temp} 加入 W；

5. 　**if** $W = \varnothing$ **do**：

6. 　　计算所有的距离 $\langle g_A, g_B \rangle$，其中 $g_A \in A$，$g_B \in B$，选择其中最近的距离，然后将对应的 g_B 加入 W，将两个网格中间的零网格加入 A；

7. return A。

下面随机生成数量较多的目标单元及禁区网格，由此给出一个最小连通路径的典型实例，如图 3.24 所示。图中的蓝色正方形网格为目标单元，禁区网格以圆形进行标识，土黄色网格为连通各任务目标点的补充网格，实验结果表明了 MCP 算法的有效性。

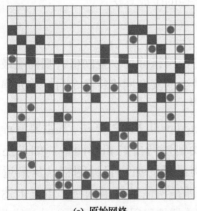

(a) 原始网格

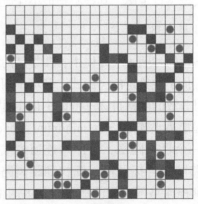

(b) 连通路径

图 3.24　复杂空间多目标连通路径实例（彩图请扫码）

2. 最小生成树的划分

上述获得最小连通路径的过程等价为图论中生成一棵路径代价最小的树，即最小生成树（minimum spanning tree, MST）[22,23]。图 3.25 给出了另一个实例结果及其对应的一棵最小生成树。

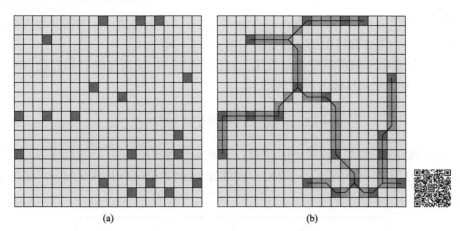

（a）　　　　　　　　　　　　　　　（b）

图 3.25　最小连通路径及其对应的一棵最小生成树（彩图请扫码）

对于多无人机多目标覆盖侦察问题，还需要找到较好的目标分配方法，以便团队间的分工协同。为此，可以基于最小连通路径对应的最小生成树进行优化剪枝，通过把 MST 较好地拆分成与无人机数量对应的子树（仍是一棵 MST），将多个目标合理分配给各架无人机，此时的多无人机协同遍历问题即分解为单机遍历问题，一方面大大降低了问题的复杂度，另一方面也相当于进行了路径协调，以尽量避免并发分配可能引起的冲突[24]。

基于修剪树的空间 K 聚类分析（spatial K luster analysis by tree edge removal, SKATER）算法[25]即是一种基于 MST 进行递归划分的较好的空间区划策略，最终能够获得给定数量的划分方案。该算法运行过程中产生一个包含 n 棵树（$T_1, \cdots, T_n$）的图 G^*，其中的每棵树也是最小生成树。初始化时，G^* 只有一棵树，每次迭代时则先检查 G^* 图，然后选出树 T_i 剪掉其中一条边即可分为 T_{i+1} 和 T_{i+2} 两棵树。为了较好地进行划分，可以挑选那些剪枝后能最大限度提高划分质量的边，总体划分质量则一般可以用 $Q(\Pi)$ 进行度量：

$$Q(\Pi) = \sum_{i=0}^{k} \mathrm{SSD}_i \tag{3.6}$$

式中，Π 代表将对象划分为 k 棵树；$Q(\Pi)$ 用来衡量这个划分的质量。采用离差平方和（sum of squared deviation, SSD）进行评价。

SSD 表示一个分区中的元素属性值的分散程度, 各元素的属性越相似, 则 SSD 越小, 其定义如下:

$$SSD_k = \sum_{j=1}^{m} \sum_{i=1}^{n_k} (x_{ij} - \bar{x}_j)^2 \tag{3.7}$$

式中, n_k 为第 k 棵树中的元素; x_{ij} 为元素 i 的第 j 个属性值; m 为需要分析的属性数量; $\bar{x}_j$ 为第 k 棵树中所有元素的属性 j 的平均值。

每一次划分一般都需要进行优化。假设将生成树 T 划分成 T_a 和 T_b 的方式为 S_l^T , 则需要优化的目标函数如下:

$$f_1(S_l^T) = SSD_T - (SSD_{T_a} + SSD_{T_b}) \tag{3.8}$$

为了提高划分质量, 应最小化 $Q(\varPi)$, 由此可知每次迭代时, 应选择使得 $f_1(S_l^T)$ 取最大值的 MST 划分方式, 记为 $S_*^{T_i}$ 。图 3.26 展示了 SKATER 优化划分算法的基本过程。

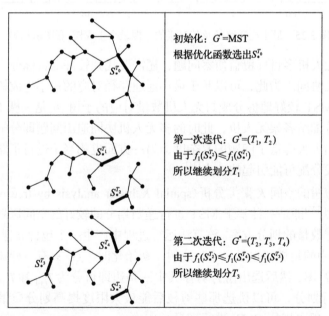

图 3.26　SKATER 优化划分算法的基本过程

实例结果表明, 利用上述算法进行 MST 划分可能造成每棵树中的单元数量不够均衡, 其主要原因在于上述优化过程只保证了每个分支的平均属性尽量接近, 对于目标单元个数没有要求, 因此还需进一步考虑划分的平衡性。

为了使 MST 的划分更加均衡, 引入一个惩罚项, 并重新定义总体划分质量的

度量 $Q'(\Pi)$ 如下:

$$Q'(\Pi) = \sum_{i=0}^{k} \text{SSD}_i + 100 \cdot \max\left(\omega - \frac{\min(G^*)}{\max(G^*)}, 0\right) \tag{3.9}$$

式中,$\min(G^*)$ 和 $\max(G^*)$ 分别为 G^* 图中网格单元最少和最多的子树的节点数量;ω($0 \leqslant \omega \leqslant 1$)为平衡因子。当 ω 趋向于 0 时,相当于对于均衡性的惩罚很小;而 ω 趋向于 1 时,每个划分中的网格单元数量可能会趋于相近,但各分支之间的平均属性的差异性又可能会增大。

图 3.27 展示了在栅格环境下对连通网格进行 MST 划分的典型实例。图 3.27(a)、(b)、(c) 和 (d) 分别代表了 $\omega=0$、$\omega=0.9$、$\omega=0.3$ 和 $\omega=0.6$ 时的划分结果,其中的图 3.27(d) 获得了较好的分配方案。进一步对多种网格条件下的不同实例进行了大量实验,统计结果也表明,该算法一般能在 $\omega=0.6$ 时获得较好的结果。

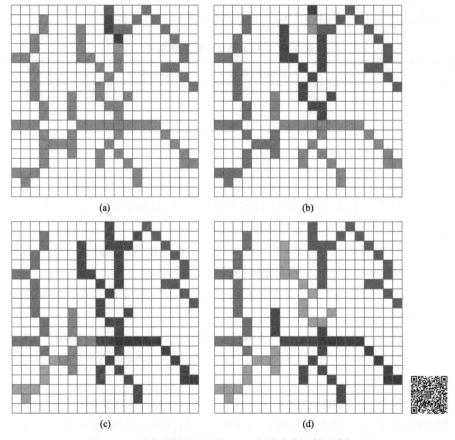

图 3.27　不同平衡因子下的 MST 划分实例(彩图请扫码)

3.3.3　实验分析

1. 实验设计

针对有较多障碍物的复杂环境条件，开展多无人机对多目标遍历侦察的仿真实验研究，相关的实验参数设置如下：由于运用于该任务场景的无人机机动性较强，假设其避障感知距离为 40m，最小速度约束为 0，最大速度约束为 24m/s，横向最大加速度限制为 1.5m/s^2，切向最大加速度也限制为 1.5m/s^2；假设侦察任务区的长度和宽度均为 800m，根据无人机的相关性能参数，整个区域进一步被划分为 20×20 的网格单元。

假设各架无人机同时开始遂行目标侦察任务，按照协同分配方案进行各自的目标遍历任务，并返回各自的出发位置。下面主要针对两种典型情况进行仿真分析，其基本条件如表 3.3 所示，其中的禁区网格和目标网格位置均为随机生成，两个实例分别对应了相同起点出发和不同起点出发的初始条件。

表 3.3　目标遍历侦察的实例条件

编号	禁区网格数量	目标网格数量	无人机数量	出发条件
1			3	相同起点
2	75	20	4	不同起点

2. 相同起点的目标遍历实验

针对三架无人机从同一起点出发的实例 1 进行分析。图 3.28 展示了实验的基本配置，在整个侦察环境中充满了较多的禁区栅格(以圆形进行标识)，20 个目标单元(标识为正方形网格)则分布得比较离散。

首先，根据本章提出的 MCP 算法可以得到最小化的连通路径，如图 3.29 所示，20 个目标单元通过最少的安全栅格进行了路径连通。

进一步地，依据 3.3.2 节关于平衡因子的经验值，设定 ω=0.6，此时的 MST 划分情况如图 3.30 所示。

对于无人机的出发位置，不失一般性地假设为左下角的同一个网格。本章把采用 MCP 算法生成最小目标路径，采用 SKATER 算法进行 MST 划分的方法，称为 MCP-SKATER 算法。

此时，根据 MCP-SKATER 算法规划后的多目标遍历侦察轨迹如图 3.31 所示；按照顺次分配算法，多无人机抵近遍历的无人机侦察轨迹则如图 3.32 所示，可以看出各架无人机之间的协同受到了禁区网格的较多约束。

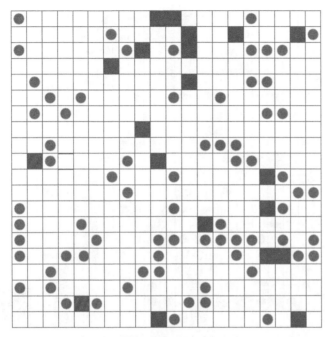

图 3.28　目标遍历侦察仿真的实验配置(彩图请扫码)

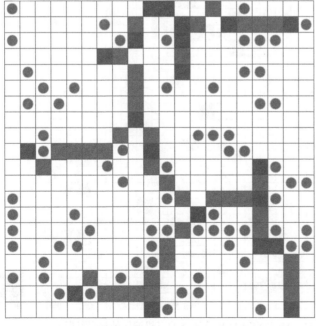

图 3.29　目标连通化结果(彩图请扫码)

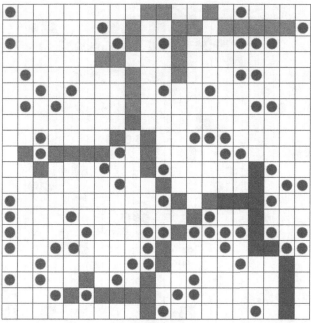

图 3.30　最小生成树划分情况（彩图请扫码）

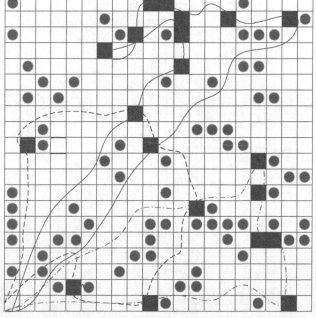

UAV1 ——
UAV2 - - -
UAV3 -·-·-

图 3.31　MCP-SKATER 算法下的三机遍历轨迹（彩图请扫码）

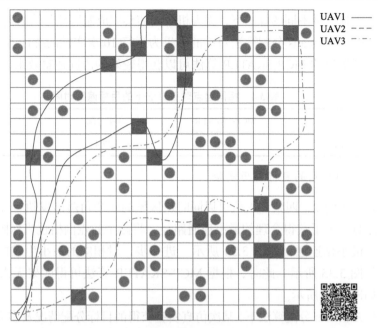

图 3.32　顺次分配算法下的三机遍历轨迹(彩图请扫码)

与此同时,在 K-means 分配算法下,某次实验获得的目标分配及多无人机侦察情况图 3.33 所示,此时的 K-means 分配结果出现了不均衡现象。

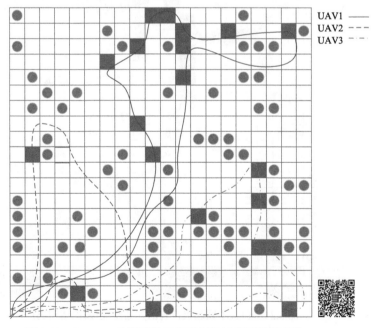

图 3.33　K-means 分配下的三机遍历轨迹(彩图请扫码)

在上述三种不同的算法下，无人机协同侦察完成遍历任务的消耗时间如表 3.4 所示，其中 K-means 分配算法对应的结果为运行 10 次实验的统计值。仿真结果表明，本章提出的 MCP-SKATER 算法可以获得较好的协同侦察效果。

表 3.4　相同起点时各算法下的目标遍历时间

算法	MCP-SKATER	顺次分配	K-means 分配
遍历时间/s	139.0	157.4	162.7

3. 不同起点的目标遍历实验

对于实例 2，四架无人机可以同时从区域的四个角落出发执行多目标侦察任务。此时，为了获得合理的最小连通路径，将四个起点网格也当作附加的目标单元进行最小化连通，如图 3.34 所示。进一步，对相应的最小生成树进行划分，结果如图 3.35 所示。此时，根据 MCP-SKATER 算法可得四架无人机协同侦察轨迹如图 3.36 所示。

在 K-means 分配算法下，某次仿真实验获得的目标分配情况及多无人机侦察轨迹分别如图 3.37 所示。对顺次分配而言，此时的多无人机协同遍历轨迹则如图 3.38 所示。

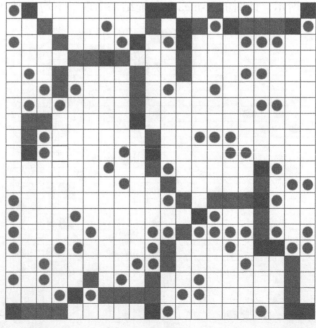

图 3.34　包含不同起点位置的连通路径(彩图请扫码)

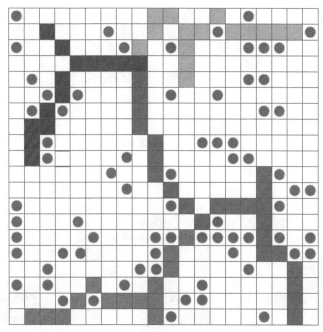

图 3.35　最小生成树划分结果（彩图请扫码）

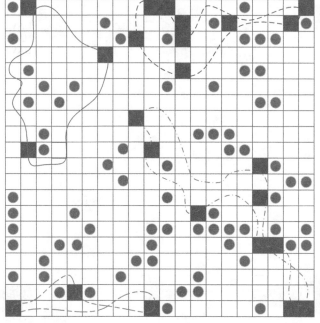

UAV1 ——
UAV2 - - -
UAV3 -·-·-
UAV4 ——

图 3.36　MCP-SKATER 算法下的协同遍历轨迹（彩图请扫码）

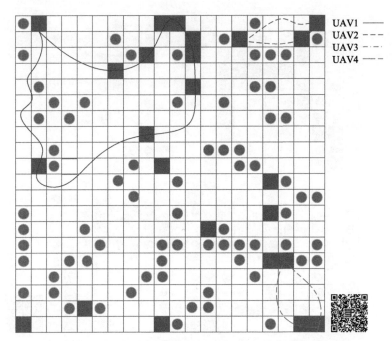

图 3.37　*K*-means 分配算法下的协同遍历轨迹（彩图请扫码）

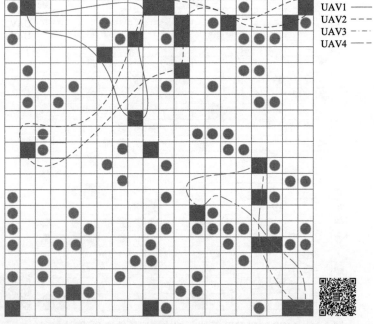

图 3.38　顺次分配算法下的协同遍历轨迹（彩图请扫码）

　　通过三种不同算法的仿真实验，无人机协同完成遍历侦察的消耗时间如表 3.5 所示，其中 K-means 分配算法对应的数值为运行 10 次实验的统计结果。结果进一步验证了 MCP-SKATER 算法的有效性，说明本章提出的 MCP-SKATER 算法确实适用于复杂环境，由此可以较好地对多无人机目标侦察任务进行协同规划。

表 3.5　不同起点时各算法下的目标遍历时间

算法	MCP-SKATER	顺次分配	K-means 分配
遍历时间/s	95.9	102.1	125.3

3.4　本　章　小　结

　　本章对多无人机协同侦察的问题进行了分析，构建了针对任务区域的多无人机协同侦察和针对任务目标的多无人机协同侦察两个模型，分别介绍了相应的路径规划求解过程，制定了相应的飞行策略，最后进行了相应的实验分析，验证了多无人机协同的侦察效果。

参 考 文 献

[1] 井田. 无人机集群持续侦察自适应协同控制研究[D]. 长沙: 国防科技大学, 2018.

[2] 许友平. UAV 对地侦察/攻击航路规划软件系统的研制与研发[D]. 南京: 南京航空航天大学, 2013.

[3] 李星烨. 多无人机协同区域搜索关键技术研究[D]. 成都: 电子科技大学, 2020.

[4] Li Y, Chen H, Er M J, et al. Coverage path planning for UAVs based on enhanced exact cellular decomposition method[J]. Mechatronics, 2011, 21(5): 876-885.

[5] 陈海, 何开锋, 钱炜祺. 多无人机协同覆盖航迹规划[J]. 航空学报, 2016, 37(3): 928-935.

[6] Pehlivanoglu Y V. A new vibrational genetic algorithm enhanced with a Voronoi diagram for path planning of autonomous UAV[J]. Aerospace Science and Technology, 2012, 16(1): 47-55.

[7] Guruprasad K R, Ghose D. Automated multi-agent search using centroidal voronoi configuration[J]. IEEE Transactions on Automation Science and Engineering, 2011, 8(2): 420-423.

[8] Huang W H. Optimal line-sweep-based decompositions for coverage algorithms[C]. Proceedings of IEEE International Conference on Robotics and Automation, Seoul, 2001: 27-32.

[9] 张立鹏, 赵建辉, 肖永德. 基于最大可知度的无人机协同搜索控制方法[J]. 电光与控制, 2014, 21(11): 33-40.

[10] 陈侠, 乔艳芝. 无人机任务分配综述[J]. 沈阳航空航天大学学报, 2016, 33(6): 1-7.

[11] Wang J, Kwan M P. Hexagon-based adaptive crystal growth Voronoi diagrams based on weighted planes for service area delimitation[J]. ISPRS International Journal of Geo-Information, 2018, 7(7): 257.

[12] Meng X, Duan Z, Yang Q, et al. Local PEBI grid generation method for reverse faults[J]. Computers & Geosciences, 2018, 110: 73-80.

[13] 赵明, 李涛, 苏小红, 等. 三维多无人机系统协同任务规划关键问题综述[J]. 智能计算与应用, 2016, 6(1): 31-35.

[14] Chen Y, Luo G, Mei Y, et al. UAV path planning using artificial potential field method updated by optimal control theory[J]. International Journal of Systems Science, 2016, 47(6): 1407-1420.

[15] Schwarzrock J, Zacarias I, Bazzan A L C, et al. Solving task allocation problem in multi unmanned aerial vehicles systems using swarm intelligence[J]. Engineering Applications of Artificial Intelligence, 2018, 72: 10-20.

[16] 陈海, 王新民, 焦裕松, 等. 一种凸多边形区域的无人机覆盖航迹规划算法[J]. 航空学报, 2010, 31(9): 1802-1808.

[17] Kang Z, Ling H F, Wang Q, et al. UAV flight path planning when considering coverage radius of UAV[C]. Proceedings of 18th IEEE/ACIS International Conference on Computer and Information Science, Beijing, 2019: 179-185.

[18] 万明, 代忠, 褚文奎. 无人机扫描线区域覆盖中的转弯航迹规划[J]. 系统工程与电子技术, 2014, 36(9): 1750-1754.

[19] 亢昭. 考虑覆盖半径的无人机航迹规划[D]. 南京: 陆军工程大学, 2019.

[20] Palmieri L, Arras K O. Distance metric learning for RRT-based motion planning with constant-time inference[C]. IEEE International Conference on Robotics and Automation, Seattle, 2015: 637-643.

[21] Zhu T, He W, Ling H, et al. Cooperative search strategies of multiple UAVs based on clustering using minimum spanning tree[C]. International Conference on Swarm Intelligence, Shanghai, 2018: 112-121.

[22] Thulasiraman K, Swamy M N S. Graphs: Theory and Algorithms[M]. New York: John Wiley & Sons, 2011.

[23] 汪小帆, 李翔, 陈关荣. 网络科学导论[M]. 北京: 高等教育出版社, 2012.

[24] Valavanis K P, Vachtsevanos G J. 无人机手册: 第三卷[M]. 向锦武, 译. 北京: 国防工业出版社, 2019.

[25] Assunção R M, Neves M C, Câmara G, et al. Efficient regionalization techniques for socio-economic geographical units using minimum spanning trees[J]. International Journal of Geographical Information Science, 2006, 20(7): 797-811.

第4章 多无人机协同巡弋

巡弋是指执行攻击任务的无人机抵达预定的作战空域后，通过传感器搜索寻找确切位置未知的目标，为打击做准备的机动飞行动作。无人机的巡弋航路一般难以预先准确规划，而是需要根据传感器实时感知数据，在线提取目标信息、估计目标位置，动态选择航向、改变航迹，以获得更高质量的目标信息，为精确打击目标奠定基础。

本章将以自主反辐射无人机为对象，主要研究多自主反辐射无人机在巡弋阶段的规划控制问题。首先概述多自主反辐射无人机协同巡弋规划控制研究现状，提出不确定条件下多无人机巡弋规划与控制的总体流程，然后对多无人机协同巡弋问题进行建模，并提出基于协同下降和开环反馈控制的协同规划控制方案，最后进行实验分析验证。

4.1 概　　述

反辐射无人机是一种广泛使用的自杀式自主攻击性无人机，主要用于执行空中火力压制(suppression of enemy air defences, SEAD)任务，以压制摧毁敌方防空警戒制导雷达为手段，为己方空中作战力量突防创造条件。历次军事行动中，反辐射无人机在压制摧毁对方防空力量的行动中都有显著战绩，证明了反辐射无人机装备的军事效益。20世纪80年代中期以后，美国、德国、以色列、南非、法国、中国等国相继研制了反辐射无人机，如美国的"勇敢者200"、德国的"道尔"、以色列的"哈比"和中国的"ANS-100"等反辐射无人机。在2020年亚美尼亚和阿塞拜疆两国在纳戈尔诺-卡拉巴赫地区(简称纳卡地区)的武装冲突中，以色列的"哈洛普"("哈比"的改进型)因击毁S-300PS远程地空导弹系统受到高度关注[1,2]。

反辐射无人机主要由反辐射导引头(辐射信号接收引导装置)、战斗部(攻击摧毁装置)、导航控制器和机体动力系统等部分组成。

图4.1中以以色列"哈比"反辐射无人机为例，展示了反辐射无人机的基本构造。其中反辐射导引头用于自动搜索、分选、识别雷达辐射信号，判断威胁等级，是反辐射无人机最重要的战场感知设备。反辐射无人机巡弋规划控制特性也是必须考虑的重要因素。

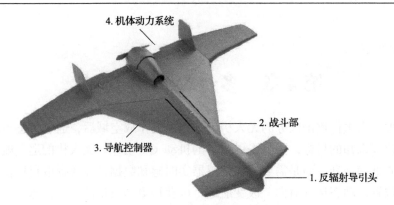

4. 机体动力系统

2. 战斗部

3. 导航控制器

1. 反辐射导引头

图 4.1　"哈比"无人机组成示意图

　　反辐射无人机作战时，巡航路径、待机路径、雷达信号特征、威胁等级等控制参数由指挥人员预先输入无人机的导航控制器与反辐射导引头信号处理器中，发射后依靠自动驾驶仪和定位导航设备，根据预先编程的路径自动飞行到目标区上空，并在目标区上空按预定的路径巡弋搜索目标雷达信号。当搜索截获到的目标雷达信号满足攻击条件时，反辐射导引头由搜索状态转入跟踪状态，引导无人机攻击该雷达。由于在整个作战过程(示意图见图 4.2[3]，由左至右依次为发射、巡弋、打击阶段)中不需要人在回路参与引导控制，反辐射无人机被视作"发射后不管"(fire and forget)[4]的武器。

发射前准备　　　发射　　　导航　　　巡弋　　打击

作战区域

图 4.2　反辐射无人机作战阶段示意图

　　巡弋航路是影响反辐射无人机作战效能的关键因素，有许多研究针对巡弋航路的优化规划开展。文献[5]开展了反辐射无人机机载传感装置导引头对目标雷达静态截获范围(视场覆盖范围)的建模分析，比较了跑道形巡弋航路与"8"字形搜索航路下不同转弯半径和直线航路长度对视场覆盖的影响。文献[6]把视场覆盖率作为优化目标，将航路规划问题转换为优化决策问题，采用人工势场法，提高了在满足航路安全性约束条件时的总视场覆盖率。在多架反辐射无人机组成的集群巡弋时，定义"任意时刻至少有一架反辐射无人机视场覆盖目标雷达"的全时域视场覆盖指标，该方法可以推广至多反辐射无人机巡弋规划控制，而且无人机仅需要按预定指标在外部 GPS 等定位系统的导航下即可完成任务。但基于视场覆盖率事先规划固定航迹控制多无人机巡弋，必须在任务前获得目标雷达的准确位置信息，且不能利用其他无人机的战场感知结果提高本机感知能力，也不能通过协同控制进行配合实现力量运用优化。

信息不确定性情况下的目标搜索问题是搜索理论研究的主要内容之一[7-9]。搜索理论主要以概率论贝叶斯推理为基础，考虑目标位置的不确定性、存在失误等不确定性的搜索方式和切换搜索地点需要的运输代价，通过搜索-先验概率更新-搜索循环，以最大化发现概率（又称探测搜索，detection search）、确定目标位置可能性（又称行踪搜索，whereabout search）或最小化第一次相遇时间（first hit time）为目标规划搜索地点序列。行踪搜索不仅包括了搜索成功找到目标时最优策略，还包括搜索不成功时对目标位置猜想的最优策略[9]。

同样基于贝叶斯推理框架，搜索理论与现代控制中状态滤波方法的应用场景不尽相同，主要区别在于数据的获得频率。搜索理论偏向于应用在数据回报频率比较低的场景，如通信受限的水下无人潜航器部署[10]，只有当潜航器回收到基地后才能采集数据。而搜索理论的研究内容偏向搜索资源的分配，从基本的无时间约束分配（一次性部署）逐步拓展到受时间约束的有限搜索资源分配，如反辐射无人机等自主运动搜索平台等，但其传感器建模相对较为宏观简化，如文献[11]和[12]等都采用了指数下降传感器模型，文献[13]使用 D-S 证据理论融合多架反辐射无人机搜索信息，以支持更为广义的先验情报，但这些都不能全面反映反辐射导引头的感知特性。

集群中的反辐射无人机需要在作战中根据对环境的感知结果进行实时决策，要求集群内的个体具有对环境感知结果做出反应的自主能力（autonomy）和个体间通信协调的能力。文献[14]以支援坦克分队进攻作战为背景，在个体具有自主智能的基础上，设想了一种与多自主反辐射无人机类似的巡飞弹蜂群概念，但未涉及自主协同巡弋规划控制的实现。基于行为设计（behavior based）的方法一直是集群智能领域的主流方法，意图通过设计简单的个体行为引导整体系统出现复杂的涌现行为，是多无人机控制领域的主流方法[15-17]，但从个体行为和局部交互规则推导或估计出整体表现仍是非常困难的问题。为了在现实环境中应用，基于行为设计的方法往往需要大量仿真实验和参数调整，或从仿生学中获取灵感，模仿动物集群的行为。文献[15]基于 Boid 模型实现了 40 架无人机协同、无碰撞的高速飞行，其控制参数是使用超级计算机对整体行为仿真计算了 2 天的结果。因此，针对多自主反辐射无人机作战中的高度不确定性感知和实时性决策，基于行为设计实现集群控制的稳定、可靠，其难度非常大。

随着传感器网络研究的发展，已经有大量文献对于静止多传感器感知管理问题，包括部署优化、最优估计等，进行了深入研究[18-21]。近年来兴起的传感器网络（sensors network）[22-25]研究也将多无人机信息收集作为研究对象，将问题建模为主动信息收集(active information gathering)[26]框架，以信息论为工具，为传感器感知结果的分布式估计与处理提供优化依据。从感知角度看，信息收集框架同搜索理论一样都基于贝叶斯推断理论。通过对所使用的传感器进行建模，将感知结果建模为真值受噪声干扰后的结果，每当获取到感知结果时，根据结果的似然分布，利用贝叶斯推断更新目标信息的先验概率分布。而在信息收集框架中，传感器的模型更贴近现实环境，不仅可以直接使用搜索理论的"搜索到/未搜索到"的二元模型，也可使用仅角度信息模型(bear only sensor)[27]、仅强度信息模型(strength only sensor)[28]和其他传感器[29]模型。

受主动信息收集问题框架的启发，本章对多自主反辐射无人机(本章后续简称为多无人机)协同巡弋中的要素和物理约束进行建模，将目标雷达状态视作随机向量，以导引头与目标雷达位置间交互信息为优化目标构造随机最优控制问题，采用开环反馈、滚动优化策略优化求解，在线进行航路规划控制，得出适用于不确定性条件下多无人机的协同巡弋规划与控制方法，其巡弋规划与控制流程如图 4.3 所示。

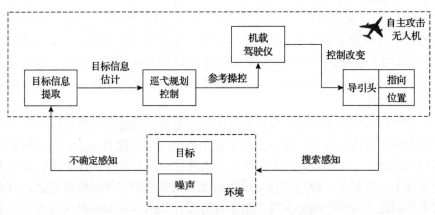

图 4.3　巡弋规划与控制流程示意图

相对于由机载自驾仪完成的无人机底层姿态控制，巡弋时航向的选取和航迹生成建模处于更高的问题抽象层次，通常由任务规划计算机完成。因此，巡弋航向选取不仅是个控制问题，也是个规划问题。多架自主攻击无人机组网协同巡弋，可同时对同一空域不同区域进行搜索，通过航路协同减少搜索重叠区域，共享融合感知结果以提高目标信息估计精度，从而提高总体巡弋效率。

4.2　多无人机协同巡弋问题建模

假定研究对象为分布式协作多无人机同构集群，集群内无人机个体的行为都以最大化集群收益为目的，个体之间角色相同、地位平等，互相之间可以通过

ad-hoc 网络与邻域内其他个体进行通信传递环境感知结果和个体的状态信息。但由于通信条件不完美，受信道容量、噪声干扰限制，不能进行全连通的并发通信。假定反辐射无人机个体装备的反辐射导引头(机载雷达信号接收机)具有灵敏度和视场角度限制，包含非高斯误差的信号强度与角度传感器。不考虑空中防撞、避障、攻击模式切换等问题，因为这些问题可以通过层次化决策模型，在内环增加避让控制器，或在规划时添加加权的避让目标等方式在框架内解决。

4.2.1　多无人机运动规划模型

从控制的角度看多无人机协同巡弋规划与控制问题，首先要建立被控对象模型，即多无人机关于控制量和时间变化关系的定量模型。被控对象模型是设计控制律的基础，对象模型越准确，越有利于提出合理、优化的控制律。但对象模型也不能包括全部因素，一是建立穷尽各种因素的模型事实上不具可行性，二是对结果影响过小的因素会消耗计算分析资源，反而掩盖了问题的关键。

考虑由 n_a 架无人机组成的集群 A，每个个体遵循离散状态方程

$$
\begin{aligned}
&\boldsymbol{s}_{k+1}^i = f^i\left(\boldsymbol{s}_k^i, \boldsymbol{u}_k^i\right) \\
&i \in A = \{1, 2, \cdots, n_a\}
\end{aligned}
\tag{4.1}
$$

式中，$\boldsymbol{s}_k^i \in \boldsymbol{s}^i \subset \mathbf{R}^{n_s}$ 为第 i 架无人机 k 时刻所处 n_s 维状态；$\boldsymbol{u}_k^i \in U^i$ 为第 i 架无人机 k 时刻从可选动作集 U^i 中选取的动作。

对于有视场限制、导引头安装在机头上的反辐射无人机，协调转弯(coordinate turning, CT)是机载飞行控制系统的默认转弯方式，假设飞行器在协调转弯中侧滑角为零。反辐射无人机巡弋阶段以定速定高方式在作战空域飞行，动作空间为有限离散的偏航角，加入作战运用场景必须考虑的燃料数量约束，建立二维运动规划模型：

$$
\begin{aligned}
\boldsymbol{s}_{k+1} &= \begin{bmatrix} s_{k+1}^{\mathrm{E}} & s_{k+1}^{\mathrm{N}} & \varphi_{k+1} & \gamma_{k+1} \end{bmatrix}^{\mathrm{T}} \\
&= \begin{bmatrix} s_k^{\mathrm{E}} + v\cos(\varphi_{k+1})\Delta t \\ s_k^{\mathrm{N}} + v\sin(\varphi_{k+1})\Delta t \\ \varphi_k \\ \gamma_k - c \cdot \Delta t \end{bmatrix} + \begin{bmatrix} 0 \\ 0 \\ \Delta t \\ d \cdot \Delta t \end{bmatrix} \boldsymbol{u}_k
\end{aligned}
\tag{4.2}
$$

式中，s_k^{E} 和 s_k^{N} 分别为 k 时刻反辐射无人机相对作战空域某原点北东地坐标系坐标；v 为航速常量；φ_k 为偏航角；γ 为燃料余量系数；c、d 分别为燃料消耗系数，表示航行燃料消耗和转向燃料消耗；$\boldsymbol{u}_k \in U = \{0, -\omega, \omega\}$ 为无人机 k 时刻的操控动

作，即平飞、向左偏航、向右偏航。

4.2.2 雷达目标模型

反辐射多无人机的任务是对指定空域范围内未知位置的静止雷达目标 T 进行压制打击。目标的状态由未知向量 $\boldsymbol{x} = \begin{bmatrix} x^E & x^N & \alpha \end{bmatrix}^T$ 表示，其中 x^E、x^N 分别为雷达目标在作战空域某原点北东地坐标系坐标；$\alpha > 0$ 为与雷达发射功率参考常数，由距雷达发射机某个固定距离上的对数单位发射功率确定。

4.2.3 反辐射无人机导引头感知模型

自主反辐射无人机对雷达目标的感知主要依靠导引头完成。导引头是一种机载雷达信号接收装置，对接收天线主瓣范围内的信号具有幅度和到达角测量能力。由于战场电磁环境极其复杂，除目标雷达真实信号外，还存在环境背景噪声和冲击杂波噪声[30]，使得导引头的测量结果具有较大的不确定性。

在噪声干扰下，k 时刻无人机 i 的导引头的测量结果 $^i\boldsymbol{y}_k$ 可表示为

$$^i\boldsymbol{y}_k = h(\boldsymbol{s}_k^i, \boldsymbol{x}_k, v_k(\boldsymbol{s}_k^i, \boldsymbol{x}_k)) \tag{4.3}$$

式中，$^i\boldsymbol{y}_k \in \mathbf{R}^{n_y}$ 为 k 时刻无人机 i 导引头测量结果；v_k 为与无人机位姿和环境有关的噪声；$h(\cdot)$ 为刻画测量结果的非奇异矢量变换[31]。

不同于卡尔曼滤波和扩展卡尔曼滤波[26]，$v(\boldsymbol{s}_k^i, \boldsymbol{x}_k)$ 不必服从高斯分布，$h(\cdot)$ 也不必是线性映射。接下来根据反辐射无人机导引头"恒虚警机"信号检测灵敏度和有限的视场范围进一步刻画模型，忽略时刻下标 k 和无人机上标 i。

灵敏度一般为设备对测量对象的最小检测量。将导引头视作无线接收机，在内部器件热噪声与环境噪声背景干扰下，导引头对雷达信号的检测主要依靠设定噪声阈值滤除噪声从而检测信号。实际环境中信号与噪声都在不停地随机变动，过高的噪声阈值会降低检测的灵敏度，错过目标(漏报)，而过低的噪声阈值会导致噪声滤除不干净，引入过多虚假信号(虚警)。因此，现代反辐射无人机导引头的噪声阈值通常不是设定一个固定值，而是根据检测时的噪声强度，在确定的虚警概率下检测信号，即恒虚警检测体制[32]。假定噪声功率服从瑞利分布[33]，令 r 为参数是 σ 的瑞利分布随机变量，控制虚警率为 P_f，则到达接收机的雷达信号辐射强度 rss 为

$$\text{rss} = \alpha + 10\beta \lg(\text{dis}) + r \tag{4.4}$$

式中，$\beta > 1$ 是与电磁传播方式有关的常数；$\text{dis} = \sqrt{(s^E - x^E)^2 + (s^N - x^N)^2}$ 为无人机与雷达目标的距离；α 是由指定虚警概率 P_f 决定的常系数。由自适应检测阈值 thd 满

足 $P(r \geqslant \mathrm{thd}) = P_\mathrm{f}$，用 $q(\cdot)$ 表示瑞利分布分位数，$\mathrm{thd} = q(P_\mathrm{f})$。那么，信号检测概率由给定虚警率、噪声和目标雷达辐射信号强度决定：$P_\mathrm{d} = 1 - P(\mathrm{rss} \leqslant q(P_\mathrm{f}))$。

反辐射无人机机载导引头通常由固定在无人机前端上的天线阵列对信号到达角度进行测向，其零方向与无人机机身指向一致。信号到达角度测量可建模为

$$\mathrm{bear} = \tan^{-1}\left(\frac{x^\mathrm{N} - s^\mathrm{N}}{x^\mathrm{E} - s^\mathrm{E}}\right) + \omega \tag{4.5}$$

式中，ω 为目标雷达波形随机畸变引入的测角噪声，其概率密度使用高斯分布和具有"长尾"特性[34]的噪声分布(本章采用 t 分布)加权表征：

$$\omega = \xi g_t(\psi) + (1-\xi) g_\mathrm{g}(\psi) \tag{4.6}$$

式中，g_t 为 t 分布概率密度函数；g_g 为高斯分布概率密度函数；$\xi \in [0,1]$，表示非高斯程度的强弱。

至此，反辐射无人机导引头对目标雷达信号的感知结果 y_k 可以建模为

$$^i y_k = \begin{cases} \begin{bmatrix} \mathrm{rss} \\ \mathrm{bear} \end{bmatrix}^j, & \mathrm{rss} \geqslant \mathrm{thd}, \ |\mathrm{bear} - \varphi_k| \leqslant \varphi_\mathrm{fov} \\ \varnothing, & \text{其他} \end{cases} \tag{4.7}$$

式中，φ_fov 为由导引头天线方向特性决定的有效测角范围上限；j 为感知结果内检出信号的数量，有可能包含目标雷达发出的真实信号，也有可能全部是噪声导致的虚假信号。假设虚警信号在导引头测向范围内均匀分布，当导引头角度分辨率很高 ($N_\mathrm{res} \gg 1$) 且虚警率较低 ($P_\mathrm{f} \ll 1$) 时，每次测量中产生的虚警信号可认为是一个泊松过程 $o(\lambda, \varphi_\mathrm{fov})$，其中 $\lambda = P_\mathrm{f} \cdot N_\mathrm{res}$。

4.2.4 多无人机巡弋规划控制决策模型

由于战场环境的不确定性，目标雷达的位置信息只能从受噪声干扰的感知结果中估计。不论搜索理论还是主动信息收集框架，都使用贝叶斯推断作为理论依据。引入目标雷达位置和功率常数的先验概率分布 $P_0(x)$，根据集群无人机对作战空域内信号的感知结果 y，利用贝叶斯公式

$$P(x \mid y) = \frac{P_0(x) P(y \mid x)}{\int_x P(y) \mathrm{d}x} \tag{4.8}$$

不断迭代更新后验分布，就可以不断改进对雷达目标的信息掌握。

即使某架无人机 i 导引头感知结果为没有发现目标雷达信号，即 $^iy_k=\varnothing$，仍可知目标雷达有较大可能 $(1-P_\mathrm{f})$ 在其视场范围之外，也有较小可能 $(1-P_\mathrm{d})$ 在视场范围内但被噪声掩盖了。由此得出的目标雷达位置的后验概率分布较先验更准确。由于无人机导引头测角范围和灵敏度限制，无人机所处的方位与航向对贝叶斯推断效果的"贡献"是不同的。因此，集群规划与控制的首要目标是通过控制无人机个体的运动，获取更好的感知效果。

感知效果的度量，通常参考卡尔曼滤波的估计过程。如果表示目标雷达位置与发射功率的状态向量分布服从高斯分布，感知结果为状态向量的线性变换，且仅有高斯分布的加性噪声，则可以使用高斯分布实现共轭贝叶斯推断，仅需要更新高斯分布的均值和方差参数。而高斯分布的方差或者与方差等价的 Fisher 信息量，可以作为感知质量的度量，这也正是文献[26]采用的方法。但是在无人机的巡弋规划控制问题中，不论是系统的动态特性——无人机运动，还是传感器的感知——导引头测量，都具有高度的非线性，噪声分布也非高斯分布，只能采用信息论中信息熵、互信息和 KL 散度 (Kullback-Leibler divergence, KLD) 作为度量指标。文献[18]讨论了信息熵、互信息和 KL 散度指标之间对目标信息估计的等价性。在贝叶斯推断中，先验分布与后验分布之间的互信息越大，代表此次观测得到的信息增益越大，后验分布的质量越好，对应的目标状态的估计也更准确。

反辐射无人机巡弋的最终目的是为实施打击做准备，当对目标雷达位置信息的感知效果足够好或无人机机载燃料余量不足时，规划控制目标的权重分配应当从目标感知向打击准备倾斜。

参考主动信息收集框架，将多无人机的协同巡弋问题建模为随机最优控制问题：

$$U^* = \underset{U}{\arg\max}\,\eta_1 I(X;Y) + \eta_2 J$$

$$\text{s.t.}\begin{cases}\text{式}(4.1),\text{式}(4.7)\\\boldsymbol{u}^i \in U^i\end{cases}\tag{4.9}$$

式中，$U^* = \{\boldsymbol{u}^{i^*}\}$ 为集群内所有个体联合最优决策；$I(\cdot)$ 为度量感知质量的互信息；J 为度量打击准备条件的目标函数；$\eta_1,\eta_2 \in [0,1)$ 分别为赋予不同目的的权重，且 $\eta_1 + \eta_2 = 1$。

4.3　基于协同下降和开环反馈控制的协同规划控制

本节主要研究 4.2 节建模得到的最优控制问题在通信条件约束下的求解问题。

4.3.1 基于协同下降的分布式协同控制

与单无人机规划控制问题相比，协同规划控制不是问题的简单叠加。即使不考虑通信代价，式(4.9)中的联合决策空间也随集群内无人机数 n_a 呈指数增长。同时，由于环境噪声的干扰和通信延时，战时空域通信信道容量有限，不足以支撑在所有无人机个体之间建立完全联通的双向通信信道。为解决集群决策复杂度和通信信道容量受限问题，文献[35]提出了协同下降(coordinate descent)法。协同下降法是一种非完备的次优性解法，将多无人机联合决策空间从关于无人机数量的指数增长缩减为线性增长，对于具有子模性的目标函数，该方法能得到最优解的50%以上的回报。在分布式协同中，不同文献对此方法的命名有所不同：文献[36]称此方法为顺次分配，并用于设计多智能体侦察监视规划算法；文献[37]则称其为序贯决策，用于解决无人车协同变道轨迹优化问题。用协同下降法求解协同控制问题的方法如下。

假设无人机 1 根据自身测量独立决策而不考虑其他无人机，即独立求解

$$U^{*1} = \arg\max_{U} \eta_1 I(X;Y) + \eta_2 J$$

$$\text{s.t.} \begin{cases} 式(4.1),式(4.7) \\ \boldsymbol{u}^1 \in U^1 \end{cases} \tag{4.10}$$

随后，无人机 1 将自身状态信息、测量结果和决策广播至整个多无人机群；无人机 2 将无人机 1 的决策作为约束条件，求解由 2 架无人机组成的集群信息收集问题：

$$U^{*2} = \arg\max_{U} \eta_1 I(X;Y) + \eta_2 J$$

$$\text{s.t.} \begin{cases} 式(4.1),式(4.7) \\ \boldsymbol{u}^2 \in U^2 \\ U^1 = U^{*1} \end{cases} \tag{4.11}$$

依此法按照无人机顺序依次求解。此时，由信息论中互信息链式法则和各无人机间测量噪声独立同分布条件，式(4.9)中互信息可展开成以下形式：

$$I(X;Y) = \sum_{i=1}^{n_a} I(X; {}^{1:i}Y) \tag{4.12}$$

令 k 时刻无人机 l 通过前述通信信道发往无人机 i 的数据 ${}^i_l \Psi_k$：

$${}^i_l \Psi_k = \begin{cases} \{{}^l y_k, \boldsymbol{s}^l_k, \boldsymbol{u}^l\}, & l \leqslant i \\ \varnothing, & 其他 \end{cases} \tag{4.13}$$

此时基于协同下降的集群信息收集问题可分解为无人机 i 个体决策问题：已知的个体状态 $\boldsymbol{s}_k^i$，收到通信数据包集合 $\{{}_1^i\Psi_k,\cdots,{}_{n_a}^i\Psi_k\}$，无人机 i 选择策略 U^i 以优化目标：

$$U^{*i} = \arg\max_{U} \eta_1 I(X;Y) + \eta_2 J$$

$$\text{s.t.}\begin{cases}\text{式}(4.1), \text{式}(4.7)\\ \boldsymbol{s}_{t+1}^i = f^i(\boldsymbol{s}_t^i, \boldsymbol{u}_t^i), s_{t+1}^l = f^l(\boldsymbol{s}_t^l, \boldsymbol{u}_t^l)\\ \boldsymbol{s}_{t+1}^m = \boldsymbol{s}_t^m \\ \boldsymbol{u}_t^i \in U^i, \quad \forall t \in T \\ \forall l \in \{1, \cdots, i-1\} \\ \forall m \in \{i+1, \cdots, n_a\}\end{cases} \tag{4.14}$$

4.3.2　开环反馈控制方法

搜索理论相关研究中，无人机搜索策略通常是由一系列操作指令组成的决策序列。因为在这些研究中，将搜索手段得到的感知结果建模为"搜索到"或"未搜索到"的二元模型，只要结果是"搜索到"，搜索过程就可以结束了。因此只需要对结果为"未搜索到"的情况进行规划，而不用考虑"搜索到"的状态，如图 4.4 所示。这个场景下，从控制论的角度看，既可看作带有状态反馈的闭环控制律，也可看作开环的决策序列。而在信息收集框架中，由于传感器模型不同，通常没有"搜索到"的退出条件，而是使用信息度量指标如 KL 散度、互信息等取代单纯概率评价个体运动规划的带来回报。因此，从控制论的视角看，信息收集框架是一种随机优化控制问题，理想的规划结果应该是带有个体状态和感知结果反馈的闭环控制律。

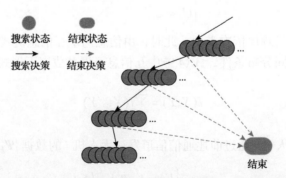

图 4.4　多阶段搜索策略树在二元感知结果下退化成为决策序列

作为一个随机优化控制问题，式(4.14)的解有三种控制范式：闭环解、开环解和开环反馈解。若从初始时刻 k_0 到终止时刻 $k_0 + t_{\text{end}}$，$U_{k+1}^* = \zeta_{k+1}(\boldsymbol{x}_k, \boldsymbol{y}_k)$ 能使得式(4.14)取到最大值，则称解 ζ_k 为闭环解。闭环解是带有状态反馈的控制律，具有全局最优性，也是最理想的结果，但除一些特定形式的问题外，难以得到闭环解[38]。而若 $U_{k+1}' = \zeta_{k+1}'(\boldsymbol{x}_{k_0}, \boldsymbol{y}_{k_0})$ 使得式(4.14)取到最大值，则称解 ζ_k' 为开环解。开环控制解是没有用到后续的观测结果而直接给出的一个决策序列，且由于 $\boldsymbol{x}_{k_0}, \boldsymbol{y}_{k_0}$ 已知，容易求解，但不具有最优性保证。开环反馈解则是闭环解与开环解的折中，采用滚动开环优化的思想，在有限步长 $\tau < t_{\text{end}}$ 内，重复求解开环控制解 $U_{k+1}^* = \zeta_{k+1}''(\boldsymbol{x}_k, \boldsymbol{y}_k, [\zeta_{k+1-\tau}'', \cdots, \zeta_k''])$。虽然开环反馈控制给出的解和开环控制一样是决策序列，但通过前向预测步和不断根据状态变化重新求解，提高了解的质量。文献[38]从理论上证明了开环反馈解的性能不会差于开环解，常用于解决随机优化控制问题。由于需要对有限步长的状态进行预测，此方法也被称为模型预测控制(model predictive control)方法。

取步长 τ，按开环反馈方法，$Y_{k:t}$ 表示从 k 到 t 所有 Y 的集合，式(4.14)中的 $I(X;Y)$ 由信息论互信息计算的链式法则分解如下：

$$
\begin{aligned}
I(X;Y) &= \sum_{t=k}^{k+\tau} I(X;Y_{k:t}, Y_{k:t-1}) \\
&= \sum_{t=k}^{k+\tau} H(X|Y_{k:t-1}) - H(X|Y_{k:t}, Y_{k:t-1}) \\
&= H(X|Y_{1:k}) - \sum_{t=k}^{k+\tau} H(X|Y_{1:t})
\end{aligned}
\tag{4.15}
$$

式中，$H(\cdot)$ 为条件熵，有

$$
H(X|Y) = -\int_{y \in Y} \int_{x \in X} p(x, y) \lg p(x|y) \mathrm{d}x \mathrm{d}y
\tag{4.16}
$$

$H(X|Y_{1:k})$、$H(X|Y_{1:k+1})$ 可视为先验熵、后验熵，分别由先验概率 $p(\boldsymbol{x}|\boldsymbol{y}_k)$、后验概率 $p(\boldsymbol{x}|\boldsymbol{y}_{k+1})$ 得到。

4.3.3　基于粒子滤波的贝叶斯互信息计算

假定目标于 k 时刻位置先验分布为 $p(\boldsymbol{x}|\boldsymbol{y}_k)$，已知目标静止，由 $k+1$ 时刻无人机 i 接收到目标测量结果 $^{1,i}\boldsymbol{y}_{k+1}$，其概率密度可由无人机导引头感知模型(4.7)给出，使用贝叶斯公式(4.8)对 $k+1$ 时刻目标位置概率分布更新如下：

$$p\left(\boldsymbol{x}^{|1:i}\boldsymbol{y}_{k+1}\right)=\frac{p\left(\boldsymbol{x}^{|1:i}\boldsymbol{y}_{1:k}\right)\prod_{j=1}^{i}p_{k}\left({}^{i}\boldsymbol{y}_{k+1}|\boldsymbol{x}\right)}{\int_{\boldsymbol{x}\in X}p_{k}\left(\boldsymbol{x},{}^{1:i}\boldsymbol{y}_{k+1}\right)\mathrm{d}\boldsymbol{x}} \tag{4.17}$$

贝叶斯滤波的本质就是在已知状态的预测分布基础上，利用最新的感知结果得到状态的后验分布。对于式(4.17)中积分部分，如果是有限状态隐马尔可夫模型，可以进行有限项求和，如果是线性系统和高斯分布噪声，可以使用共轭分布参数闭式解递推，但对于式(4.7)的非高斯非线性的观测函数，一般没有闭式解。粒子滤波的基本思想是使用蒙特卡罗方法得到条件分布的含权随机样本(粒子)来逼近后验概率密度，包括预测和更新两个步骤。预测步骤中随机采样的粒子按目标遵循的动力学更新状态。本章中假设目标静止，更新步骤以得到的感知值和式(4.7)的观测方程对粒子权重进行更新。令$({}^{i}\hat{\boldsymbol{x}}_{p,k},{}^{i}w_{p,k})$为$k$时刻无人机$i$"持有"的数量为$n_{p}$的一组粒子及其对应的权重，其中${}^{i}w_{p,k}\in\mathbf{R}_{+}$且$\sum_{p=1}^{n_{p}}{}^{i}w_{p,k}=1$。$k$时刻目标位置概率分布可近似为

$$p\left(\boldsymbol{x}^{|1:i}\boldsymbol{y}_{1:k}\right)\approx\sum_{p=1}^{n_{p}}{}^{i}w_{p,k}\delta\left(\boldsymbol{x}-\hat{\boldsymbol{x}}_{p,k}\right) \tag{4.18}$$

当无人机i接收到感知结果${}^{1:i}\boldsymbol{y}_{k+1}$时,粒子权重按各感知结果${}^{j}\boldsymbol{y}_{k+1}$ ($j\in1,2,\cdots,i$)使用感知模型概率分布更新并逐一融合权重:

$$ {}^{i}w_{p,k+1}^{(j)}\propto{}^{i}w_{k}^{(j)}p\left({}^{i}\boldsymbol{y}_{k+1}|\hat{\boldsymbol{x}}_{p,k}\right) \tag{4.19}$$

$$ {}^{i}w_{p,k+1}=\prod_{j}{}^{i}w_{p,k}^{(j)} \tag{4.20}$$

将式(4.18)代入式(4.16)即可分别得到先验熵和后验熵，从而计算出协同下降优化目标。为了解决粒子退化问题，粒子权重更新后，基于重要性采样(sampling importance resampling, SIR)方法对粒子进行重采样，具体可参见文献[39]。

4.3.4 实验分析

为验证本章所提算法的有效性，使用 Octave(Version 5.5，https://octave.org/)平台建立场景，仿真多反辐射多无人机对某空域内未知的静止雷达目标的搜索巡弋过程，重复进行蒙特卡洛仿真实验 100 次，计算相应指标，并对比本章提出的

算法与基准算法之间的性能差别。

1. 实验条件

仿真作战空域为 $[-1000,1000] \times [-1000,1000]$（实验中设置长度单位为 10m）平面区域，目标雷达坐标 $(300,300)$，雷达辐射相关常系数 $\alpha = 22.3$。由 4 架反辐射无人机组成无人机群，其初始状态模型参数巡航速度 $v = 5$（对应的速度为 180km/h），起始航向角 $\varphi \sim U(0,2\pi)$，燃料余量 $\gamma = 200$，巡航燃料消耗系数 $c = 1$，偏航燃料消耗系数 $d = -1.5$，偏航角速度 $\omega^i = 15°$，起始位置坐标分别为 $(-500,-480)$、$(-600,-600)$、$(-500,-720)$、$(-400,-600)$。反辐射无人机机载导引头感知模型参数 $\mu = -66.8$，$\text{range}_{\text{max}} = 600$，$\tau \sim N(0,3^2)$，$\omega \sim 0.3T(5) + 0.7N\left(0,\dfrac{\pi^2}{12}\right)$。模型预测步长 $\tau = 3$，粒子滤波粒子数量 $n_p = 200$，仿真总步数 $n_{\text{step}} = 100$。仿真在 3.8GHz i9 处理器、内存 32GB 的计算机上运行。

2. 比较基准

1）随机决策

本章选取纯随机策略作为最差基准。纯随机策略中，每决策时刻各架无人机在可选动作空间中随机选择一个不会飞出作战空域的指令执行。

2）基于视场覆盖率重复规划

使用文献[6]提出的路径规划方法，各无人机独立进行航路规划。当反辐射无人机导引头感知结果更新时，使用与本章提出方法参数相同的粒子滤波对目标位置进行估计并重新规划航路，根据重规划的航路控制无人机飞行。由于在本章不确定条件下，没有已知雷达目标的实际位置信息，在仿真中使用目标的估计位置进行规划。所使用的算法参数为种群大小 $\text{popsize} = 200$，交叉率 $\text{pc} = 0.9$，变异率 $\text{pm} = 0.05$，最大迭代代数 $\text{MAXGEN} = 50$，详细可参考文献[6]。

3）基于高斯噪声假设

集群决策仍使用协同下降法进行，将本章提出的粒子滤波算法使用文献[26]中的迭代扩展卡尔曼滤波器（iterated extended Kalman filter, IEKF）方法替代，即用一阶线性模型近似非线性导引头模型，对非高斯噪声分量，使用高斯噪声 $\omega \sim N\left(0,\dfrac{\pi^2}{4}\right)$ 近似，检验比较粒子滤波对非线性非高斯模型是否有效。

3. 仿真结果与分析

100 次仿真统计结果由表 4.1 和图 4.5、图 4.6 给出，表 4.1 中最小值标有下划线。从仿真结束时粒子分布和均方根误差(root mean square error, RMSE)来看，随机决策和基于高斯噪声假设得到的结果较差，本章提出的方法较固定航路得到目标坐标的均方根误差值降低 30%以上。

表 4.1   100 次仿真结束时的目标条件熵和 RMSE 的平均值和标准差

方法	平均条件熵 /nat	条件熵标准差	平均 RMSE /m	RMSE 标准差 /m
随机决策	14.7725	0.3517	557.5756	56.7275
基于视场覆盖率重复规划	13.4732	1.0292	292.5080	181.2276
基于高斯噪声假设	14.7810	0.3719	555.8947	54.0263
本章方法	12.4540	0.6937	145.4161	73.3486

注：1nat=1.44bit。

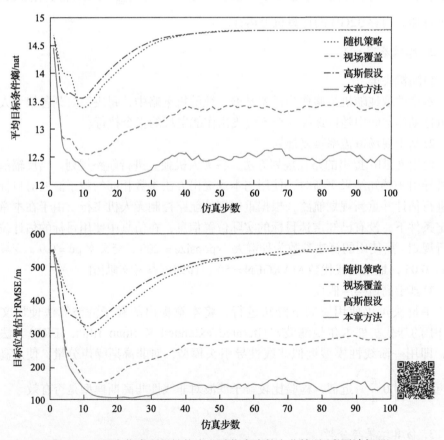

图 4.5   100 次仿真所得性能表现随仿真步数变化情况(彩图请扫码)

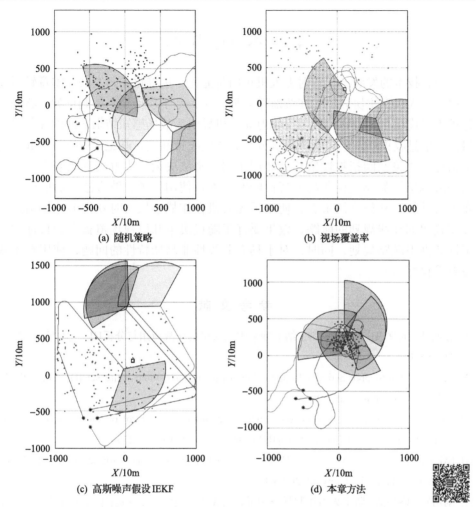

■ 无人机导引头覆盖范围($P_d \geqslant 95\%$)　——无人机航迹　*无人机起始点　□目标雷达真实位置

图 4.6 一次仿真中($t=100$ 步)航迹和粒子分布(彩图请扫码)

在图 4.4 中不同方法得到的目标均方根误差和条件熵都有先下降后再升高的现象。这是由于反辐射无人机作为固定翼飞行器受运动约束,必须经过一个协调转弯的过程才能重新取得对目标的良好感知。而对比基于高斯噪声假设使用的扩展滤波方法,本章提出的方法得到目标位置坐标估计精度更高,说明对于反辐射无人机导引头这种高度非线性、非高斯噪声的战场感知系统,使用 IEKF 可能会出现发散现象导致滤波精度下降,而使用粒子滤波方法是必要且有效的。对于随机决策,文献[6]提出的航路规划方法提高了视场覆盖率,有利于对目标坐标的测量估计,但在缺少目标确切信息的条件下,效果不如本章提出的集群协同方法。

4.4　本　章　小　结

随着技术的发展，反辐射无人机正向智能化、集群化方向发展。本章针对反辐射多无人机自主协同巡弋在线航路规划问题，基于模型预测控制框架，将问题建模为以优化目标雷达位置与反辐射无人机导引头战场感知结果之间的互信息为目标的信息收集问题。为解决集群分布式协同决策问题，避免集中决策引起的通信信道与决策空间指数性增长，使用协同下降法决策。为解决反辐射无人机导引头战场感知的非线性非高斯特性问题，本章使用粒子滤波方法对后验概率分布进行计算。从仿真结果看，使用了无人机在作战空域实时获得的感知信息和分布式协同在线规划的航路，效果要好于随机决策和以视场覆盖率为目标的确定性条件下航路规划，同时，对于具有非线性非高斯特性的问题，使用粒子滤波效果较好。

参 考 文 献

[1] 苏润丛, 向文豪, 缪国春, 等. 纳卡冲突中无人机的作战应用与分析[J]. 飞航导弹, 2021, (1): 65-70.

[2] Dames P. Multi-robot active information gathering using random finite sets[D]. Philadelphia: University of Pennsylvania, 2015.

[3] Bai L, Luo H, Ling H. Autonomous trajectory planning and control of anti-radiation loitering munitions under uncertain conditions[J]. Electronics, 2021, 10(19): 2399.

[4] IAI Group A. Fire and forget: Harpy is an autonomous weapon for all weather[EB/OL]. https://www.iai.co.il/p/harpy. [2020-08-17].

[5] 刘培宾, 盛怀洁. 防空火力压制任务中反辐射无人机搜索航路优选[J]. 空军工程大学学报(自然科学版), 2020, 21(1): 87-91.

[6] 刘培宾, 盛怀洁. 基于改进人工势场法的反辐射无人机搜索航路规划[J]. 弹箭与制导学报, 2020, 40(2): 101-104.

[7] Koopman B O. The theory of search, II. target dection[J]. Operations Research, 1956, 4(5): 503-531.

[8] Stone L D. Theory of Optimal Search[M]. New York: Academic Press, 1975.

[9] 朱清新. 离散和连续空间中的最优搜索理论[M]. 北京: 科学出版社, 2005.

[10] Atyabi A, MahmoudZadeh S, Nefti-Meziani S. Current advancements on autonomous mission planning and management systems: An AUV and UAV perspective[J]. Annual Reviews in Control, 2018, 46: 196-215.

[11] 严明强, 刘博. 基于模糊 C 均值聚类的多无人机协同搜索策略[J]. 战术导弹技术, 2013, 34(1): 59-67.

[12] Bourgault F, Furukawa T, Durrant-Whyte H F. Optimal search for a lost target in a Bayesian world[M]//Yuta S. Field and Service Robotics. Berlin: Springer, 2006.

[13] 韩旭, 盛怀洁, 陈明建. 基于 D-S 证据理论的反辐射无人机群协同搜索[J]. 探测与控制学报, 2018, 40(1): 80-87.

[14] 李辉, 方丹, 高伟伟, 等. 巡飞弹蜂群关键技术与战术构想研究[J]. 战术导弹技术, 2020, (4): 58-063.

[15] Vásárhelyi G, Virágh C, Somorjai G, et al. Optimized flocking of autonomous drones in confined environments[J]. Science Robotics, 2018, 3(20): eaat3536.

[16] Qiu H, Duan H. A multi-objective pigeon-inspired optimization approach to UAV distributed flocking among obstacles[J]. Information Sciences, 2020, 509: 515-529.

[17] Zhang D, Duan H. Social-class pigeon-inspired optimization and time stamp segmentation for multi-UAV cooperative path planning[J]. Neurocomputing, 2018, 313: 229-246.

[18] Aoki E H, Bagchi A, Mandal P, et al. A theoretical look at information-driven sensor management criteria[C]. 14th International Conference on Information Fusion, Chicago, 2011: 1-8.

[19] Katsilieris F, Boers Y, Driessen H. Optimal search: A practical interpretation of information-driven sensor management[C]. 15th International Conference on Information Fusion, Shanghai, 2012: 439-446.

[20] Katsilieris F, Boers Y, Driessen H. Sensor management for PRF selection in the track-before-detect context[C]. IEEE Radar Conference, Atlanta, 2012: 360-365.

[21] Aoki E H, Bagchi A, Mandal P, et al. Particle filter approximations for general open loop and open loop feedback sensor management: Memorandum 1952[R]. Enschede: University of Twente, 2011.

[22] Zhang S, Mouriki A I. Distributed estimation for sensor networks with arbitrary topologies[C]. American Control Conference, Boston, 2016: 7048-7054.

[23] Ji H, Lewis F L, Hou Z, et al. Distributed information-weighted Kalman consensus filter for sensor networks[J]. Automatica, 2017, 77: 18-30.

[24] Battilotti S, Cacace F, d'Angelo M, et al. Distributed Kalman filtering over sensor networks with unknown random link failures[J]. IEEE Control Systems Letters, 2018, 2(4): 587-592.

[25] Hoffmann G M, Waslander S L, Tomlin C J. Mutual information methods with particle filters for mobile sensor network control[C]. Proceedings of the 45th IEEE Conference on Decision and Control, San Diego, 2006: 1019-1024.

[26] Schlotfeldt B, Thakur D, Atanasov N, et al. Anytime planning for decentralized multirobot active information gathering[J]. IEEE Robotics and Automation Letters, 2018, 3(2): 1025-1032.

[27] Merlinge N, Marzat J, Reboul L. Optimal guidance and observer design for target tracking using bearing-only measurements[R]. Paris: French Aerospace Research Institute, 2016.

[28] Dames P M, Schwager M, Rus D, et al. Active magnetic anomaly detection using multiple micro aerial vehicles[J]. IEEE Robotics and Automation Letters, 2015, 1(1): 153-160.

[29] Loianno G, Thomas J, Kumar V. Cooperative localization and mapping of MAVs using RGB-D sensors[C]. IEEE International Conference on Robotics and Automation, Seattle, 2015: 4021-4028.

[30] 刘雄. 复杂随机散射环境下的电磁回波环境建模、平台定位与微弱目标探测[D]. 上海: 上海交通大学, 2019.

[31] Mahler R P S. Statistical Multisource-multitarget Information Fusion[M]. Norwood: Artech House, 2007.

[32] 李丽, 王晓玲, 桂杰, 等. 恒虚警技术处理方法综述[J]. 激光杂志, 2018, 39(1): 8-13.

[33] Nguyen N H, Doğançay K, Wang W. Adaptive estimation and sparse sampling for graph signals in alpha-stable noise[J]. Digital Signal Processing, 2020, 105: 102782.

[34] Middleton D. Non-Gaussian noise models in signal processing for telecommunications: New methods an results for class A and class B noise models[J]. IEEE Transactions on Information Theory, 1999, 45(4): 1129-1149.

[35] Atanasov N, Le Ny J, Daniilidis K, et al. Decentralized active information acquisition: Theory and application to multi-robot SLAM[C]. IEEE International Conference on Robotics and Automation, Seattle, 2015: 4775-4782.

[36] 陈少飞. 无人机集群系统侦察监视任务规划方法[D]. 长沙: 国防科学技术大学, 2016.

[37] 李柏. 复杂约束下自动驾驶车辆运动规划的计算最优控制方法研究[D]. 杭州: 浙江大学, 2018.

[38] Bagchi A. Optimal Control of Stochastic Systems[M]. New York: Prentice-Hall, 1993.

[39] Arulampalam M S, Maskell S, Gordon N, et al. A tutorial on particle filters for online nonlinear/non-Gaussian Bayesian tracking[J]. IEEE Transactions on Signal Processing, 2002, 50(2): 174-188.

第5章　多无人机协同搜索

搜索活动是一项常见而极为重要的任务，在军民领域都有着广泛的应用。无人机具有快速反应、机动灵活的特点，目前已经成为重要的搜索力量。在复杂的搜索场景中，利用多架无人机进行协同搜索可以有效提升任务效能。

5.1　概　　述

搜索是一个古老的问题，但直到第二次世界大战中才得到了科学而系统的研究[1]。1942 年，美国将反潜战运筹学小组划归海军，以便就反潜战的战术问题提供咨询，小组的首要任务之一是通过舰船或飞机搜索潜艇和战舰。搜索问题一般可以依据目标对于搜索行为的反应分为单向搜索和双向搜索[2]。双向搜索问题主要指非合作目标对搜索者进行规避的搜索，往往涉及对策论或博弈论；单向搜索场景则认为目标不会受搜索行为的影响。本章主要根据目标相关的信息寻求整个搜索过程的优化方案，因此可以归结为单边情况下的多无人机协同搜索问题。

多无人机协同搜索主要指多架无人机为了发现目标而考察目标所在区域的过程。为了解决搜索问题，首先需要对任务区域建立合理的环境模型。环境最自然的表示即地图[3]，而网格化的区域有助于构建环境地图，因此多无人机规划与决策的相关研究也可以采用网格化地图，其中矩形网格划分方式最为常见[4]。进一步地，无人机区域搜索的环境模型一般包括坐标位置、目标概率以及障碍威胁等相关信息，其任务过程主要表现为对各个子区域的抵近探测。为了较好地实现搜索目的，需要综合利用相关信息，在建立的配置空间中进行合理的运动规划或任务决策[5]。

本章主要依据搜索单元是否存在先验概率来建立不同的数学模型，并以此将多无人机协同搜索任务区分为搜索力规划和搜索序列决策两类模型。对于搜索力规划模型，主要依据先验信息引入离散最优搜索理论，研究兵力分配及路径规划方案；对于搜索序列决策问题，则主要考虑概率更新并引入协同机制，研究搜索单元的动态决策方法。以上两种协同搜索场景的任务需求分别如下：当先验信息已知时，主要需要对无人机团队进行任务分配及路径规划，以便实现较好的搜索收益；当没有先验信息时，则主要需要依据实时更新的目标概率情况来进行多无人机协同决策，以便尽快地找到目标。

综上所述，利用多无人机进行搜索的目的一般都可以归结为优化整体任务效能。考虑到多无人机搜索问题的复杂性，比较适合采用一些基于启发式机制的协同方法[6]。下面分别给出基于聚类分配算法、智能决策算法的无人机协同方法，并对相关的多无人机协同搜索问题进行具体论述。

5.2　基于聚类分配算法的无人机协同搜索

对先验概率已知的离散空间进行协同搜索，其主要矛盾在于如何分配搜索单元并进行航路规划，从而提高多无人机搜索任务的总收益。搜索论中的最优搜索计划只是数学理论上的一种最优，其中的凸规划模型可以解决理想的兵力或时间分配问题，但难以用于复杂实际情形。鉴于无人机运动规划对应于连续空间且存在转场约束，需要兼顾多无人机搜索的任务分配和路径规划问题。本节主要引入回报率模型，并运用聚类分配思想提出无人机协同规划方法，以提高持续搜索的总体收益。

5.2.1　基于聚类分配算法的无人机协同搜索问题模型

基于聚类分配算法的协同搜索问题，需要在搜索力规划问题分析的基础上，构建带有先验信息的回报率模型。

1. 搜索力规划问题

搜索论一般通过数学概念和定理把物理和现实条件结合起来，它主要研究如何实施一个搜索计划的问题，该搜索计划通常在给定的约束下寻找目标，而这些约束条件由一些物理限制所决定，例如搜索者的数量、运动约束以及时间、空间、传感器性能等[7]。

搜索论的发展使人们开始对一切涉及搜索活动的问题进行理性思考，作为运筹学的重要分支，搜索论研究的主要内容之一就是搜索力的分配或规划问题。具体而言，通常假设搜索者已知目标位置的先验分布，进一步可以假设目标位于某点(或某单元)时被探测到的条件概率与作用于该点(或该单元)搜索力之间存在一定的函数关系。在搜索力有限的条件下，在可能区域的某些子集上进行合理分配，以尽量最大化发现目标的概率，这称为最优搜索问题。这一问题的解决方法是制定搜索计划，给出搜索力的合理配置。最优搜索问题的基本要素包括目标位置的先验分布、搜索力与检测概率的相关函数以及有限的搜索资源等。

虽然通常假定的搜索目的是发现目标，但其他目的，如获取最大的信息量或考虑预期的探测后的活动(如果探测到)，也值得研究。例如，Barker[8]在信息论与搜索理论之间建立了一种重要联系，证明了在一种指数发现函数的特殊情形下，使发现概率达到最大值的搜索计划也使后验分布的平均信息量达到最大。

目标的准确位置可能是未知的，但在很多情形下对它们的一般位置是有所了解的。这些知识可以被量化为概率分布的形式，被称为先验的目标分布。本章主要针对离散型搜索空间进行研究，因此先验概率对应为离散型目标分布。进一步而言，以有限的努力获取较多收益的问题是约束优化问题，它可以通过拉格朗日乘数法的简化或复杂的形式来处理，该方法在数学规划与控制论领域有大量的研究成果[9]。然而，上述优化问题只考虑了搜索力约束（例如总的搜索时间），虽然区域环境已经划分为网格单元，但多无人机搜索还受到连续运动路径的实际约束。因此，需要对无人机搜索力（包括兵力和时间）进行联合分配，研究较好的协同搜索规划策略，以使多无人机在持续的搜索行动中获得较高的收益。

目前，关于搜索力规划的很多研究都可归结为基于各种信息图的搜索路径规划[10,11]。例如，Brust 等[12]尝试优化无人机集群在目标检测和跟踪、地图覆盖和网络连通性上的问题，结合多跳聚类和双信息素蚁群模型，提出了双信息素聚类混合方法（dual-pheromone clustering hybrid approach, DPCHA）来优化这三个目标。

2. 先验信息及回报率模型

假设区域在 X 轴方向的长度为 l_1，Y 轴方向的长度为 l_2，沿着 X 轴方向和 Y 轴方向分别进行 M 等分和 N 等分，形成 $M \times N$ 个矩形子区域，那么每个矩形就是一个搜索单元。图 5.1 展示了一个区域网格化实例，其中将 X 方向进行 4 等分，Y 方向进行 5 等分，共形成 20 个搜索单元格，每个单元格的标号在单元格左上角。

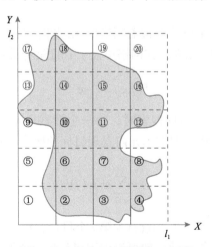

图 5.1 多无人机协同搜索示意图

令所有待搜索的网格单元集合为 J，j 是其中的一个单元格，$j \in J$。那么可以用代价函数 $c(j)$ 来衡量无人机在搜索单元 j 中花费的搜索代价。一般来说，搜

索代价可以用无人机飞过的路线长度、搜索时间、执行架次等表示[13]，主要采用搜索时间作为搜索代价。代价函数可以定义为

$$c(j) = z, \quad j \in J \tag{5.1}$$

式中，z 为搜索时间。

无人机在单元格 j 中消耗代价 z 后探测到目标的概率可以用探测函数 $b(j, z)$ 表示。假设无人机探测遵循正则型搜索规律，即搜索的结局由搜索条件唯一确定（不考虑传感器误差），此时的探测概率（probability of detection, POD）通常表示为指数函数，其一般形式如下：

$$b(j,z) = \text{POD} = 1 - e^{-U} \tag{5.2}$$

式中，$U \geqslant 0$，为发现势，表征发现概率随着时间和搜索力量的增长而积累的发现能力[14]。当表示多段时间、多段航程、多台观察设备的综合观察发现效果时，只要各段（各台）的搜索是相互独立的，发现势即具有可加性。

对于无人机探测搜索，利用机载传感器对目标进行检测一般可视为连续观测模型，此时的发现势可以定义如下：

$$U = \int_0^t \eta(t) \mathrm{d}t \tag{5.3}$$

式中，$\eta(t)$ 为无人机的发现率，代表发现目标的瞬时概率，主要与具体传感器相关。

假设无人机的探测范围能够覆盖网格单元，此时的发现率可以近似为常数 η，则对于离散搜索空间 J，无人机在网格单元 j 中的探测函数形式如下：

$$b(j,z) = 1 - e^{-\eta z} \tag{5.4}$$

在利用多无人机进行协同搜索时，每一个搜索单元 $j \in J$ 都有一个收益函数 $e(j,z)$，它代表无人机在该搜索单元内发现目标的概率，其求解公式如下：

$$e(j,z) = \sum_{i=1}^{V} \omega_i p_i(j) b(j,z) \tag{5.5}$$

式中，ω_i 为第 i 个目标的权重；$p_i(j)$ 为第 i 个目标在第 j 个单元格内的先验概率。

每个单元格的概率初始值一般可以由卫星等情报资源提前获得，需要优化的是多无人机的搜索力分配计划，此时的多无人机协同搜索问题可以抽象为如下优化问题：

$$\max \ E(f) = \sum_{j \in J} e(j, f(j))$$

$$\text{s.t.} \ C(f) = \sum_{j \in J} c(j, f(j)) \leqslant K \tag{5.6}$$

式中，$f(j)$ 为计划 f 在网格 j 中的搜索力分配方案；$\sum_{j \in J} c(j, f(j))$ 表示整个搜索区域消耗的搜索力代价。

上述模型表明，在有限资源 K 的条件下，需要尽可能地提高多无人机协同搜索的总收益。为了分析每个网格的搜索价值，可以进一步引入回报率(rate of return, ROR)的定义[15]。定义回报率为 $\rho(j, z), j \in J$，表征的是对第 j 个单元中搜索收益增量与搜索代价增量的比值，具体计算公式为

$$\rho(j, z) = \frac{e'(j, z)}{c'(j)} \tag{5.7}$$

由上述回报率定义可知，每个单元格的回报率值将随无人机搜索力的增加而逐渐减少。当搜索代价表现为搜索时间时，回报率函数可以看成收益函数的时间导数，对于同构无人机，其公式如下：

$$\rho(j, z) = \frac{d(e(j, z))}{d(z)} = \eta \cdot e^{-\eta z} \cdot \sum_{i=1}^{V} \omega_i p_i(j) \tag{5.8}$$

此时，与每个网格内回报率相关的参数主要为时间 z 与目标先验概率之和 $\sum_{i=1}^{V} \omega_i p_i(j)$。当 $\eta = 0.1$ 时，不同先验概率值对应网格中的回报率随着搜索时间的变化趋势如图 5.2 所示。

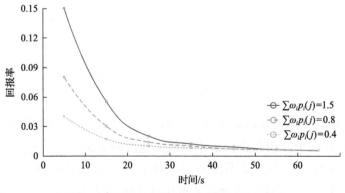

图 5.2　不同目标概率时回报率变化情况

由图 5.2 可以看出，$\sum_{i=1}^{V} \omega_i p_i(j)$ 较大的网格对应较高的初始回报率，但其回报率也下降较快。当回报率值相同时，$\sum_{i=1}^{V} \omega_i p_i(j)$ 较小搜索单元中的回报率下降较慢，对应的收益率较高。当回报率均达到 0.04 时，$\sum_{i=1}^{V} \omega_i p_i(j)$ =0.4 对应的回报率下降趋势最慢。由此说明，当回报率值都为 0.04 时，对一个没有搜索过和一个已经搜索过的搜索单元而言，为了提高搜索效益，无人机应该优先去搜索没有去过的网格，这也比较符合真实的搜索场景。

当搜索力表征为搜索时间时，搜索时间同样也是付出的搜索代价。为了评估搜索任务的总体收益，可以对整个离散环境空间建立回报率图，并基于回报率情况提出协同分配方法，进行相关评价。

3. 无人机运动规划

由于没有考虑转场约束，有些多无人机协同搜索方法在使用过程中容易产生较多的无功消耗。与此同时，很多研究对于无人机的路径规划不够精细，仅考虑无人机下一步需要探索的方向或者大体区域，对无人机运动规划进行简化，如图 5.3 所示。

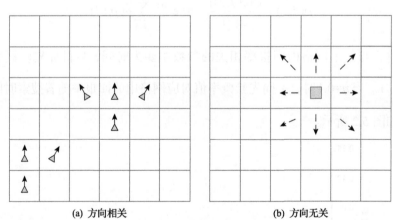

(a) 方向相关   (b) 方向无关

图 5.3　简化的无人机运动模型

为了更好地模拟无人机运动轨迹，假设无人机为二阶智能体模型，其工作空间 $W \subset \mathbf{R}^2$ 是一个紧凑集合，最小和最大速度满足 $0 \leqslant v_{\min} < v_{\max}$（固定翼无人机由于会失速所以最小速度不能为 0，对于旋翼无人机则 0 是可以接受的），UAV（视为一个质心，拥有一个速度矢量）的状态可以表示为 $\zeta = (x; y; v; \psi) \in D = W \times [v_{\min}, v_{\max}] \times S$，$x(\zeta)$ 是 $\zeta \in D$ 在集合 W 上的投影，S 为航向角的集合。恒定

高度下的无人机运动学模型可以由下式给出[16]：

$$\begin{cases} \dot{x}(t) = v(t)\cos\psi(t) \\ \dot{y}(t) = v(t)\sin\psi(t) \\ \dot{v}(t) = u_1(t) \\ \dot{\psi}(t) = \dfrac{u_2(t)}{v(t)} \end{cases} \quad (5.9)$$

式中，ψ 为航向角；u_1 和 u_2 分别为切向和横向加速度，也是该控制模型的两个输入参数，它们的允许值可以表示为如下的紧凑域：

$$U = \left\{ (u_1, u_2) \in \mathbf{R}^2 ; \frac{u_1^2}{a^2} + \rho^2 u_2^2 \leqslant 1 \right\} \quad (5.10)$$

式中，a 和 ρ 是模型预设参数。

集合 W 可以被划分为由网格单元组成的凸多边形子区域。两个子区域之间的关系分为三种：一是不相连，二是只通过一个顶点相连，三是存在一个有限长的边界。假设 $R^i \subset W$ 是对应于第 i 个单元的子区域。对应于上述网格划分就可以得到一个无向图 $G = (V, E)$，其中每个顶点 V 对应于一个网格，每条边连接着几何上相邻的一对网格。两个相邻的网格即这对网格的两个顶点之间存在一条边相连。

各无人机之间的协同机制主要包括总体的通信拓扑架构、个体的防撞避障等要求。研究的重点在于对比不同协同运动方式下得到的总体收益，因此假设所有无人机都可以共享位置，为了避障可以引入人工势场，为了防撞则可以设定其定位不同的高度，如图 5.4 所示。

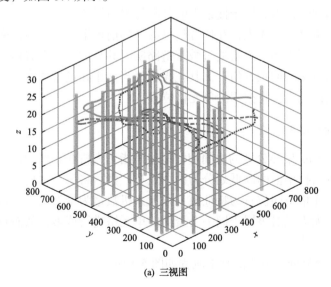

(a) 三视图

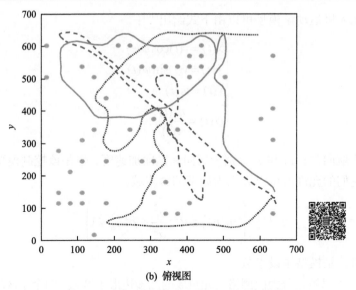

(b) 俯视图

图 5.4　　三机协同运动示意图（彩图请扫码）

利用多架无人机进行协同搜索的目的在于尽量最大化整体收益。分布式协同策略是常见的团队协调方法，因此可以作为基准算法进行对比。另外，可以引入分区策略，通过聚类算法对搜索单元进行合理分配，以尽可能地提高搜索收益。

5.2.2　基于聚类机制的无人机搜索规划

假设待搜索区域多个静态目标的先验信息是比较精确的，例如利用卫星遥测技术及蒙特卡罗模拟方法等评估出的先验概率分布，无人机在这种先验概率的帮助下进行协同搜索，因此属于搜索力的分配与规划问题。

协同搜索策略指多无人机在任务信息共享的前提下，根据回报率值对搜索行为做出的规划。假设多无人机通过数据链路实时共享的任务态势信息包括：①所有单元格当前时刻的回报率值；②其他无人机当前正在进行搜索的单元格位置；③下一时刻其他无人机将搜索的单元格位置。

1. C-means 聚类机制

基于 C-means 聚类分区的协同搜索策略是指无人机在获取回报率信息后，首先将单元格按回报率值的高低划分为两个聚类，然后将第一次划分后所得的高回报率聚类以单元格空间位置为特征值，以无人机数量为聚类数量进行二次划分，最后安排每架无人机对隶属于同一个聚类的单元格进行搜索，从而减少转场时间代价造成的无功消耗[17]。

C-means 聚类分区策略的基本流程如图 5.5 所示。

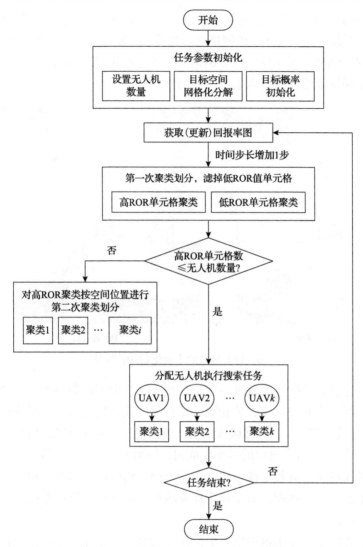

图 5.5　C-means 聚类分区策略的流程图

2. 连通域聚类机制

对于一个搜索任务，将区域进行网格化之后，形成的回报率大于 0 的网格往往是分散的，相互之间并不相通。假设无人机机动飞行能力较强，即可以进行斜向飞行，此时需要考虑八连通情形。例如图 5.6(a) 所示的搜索任务，共有 6 个八连通区域，网格左上角为回报率，白色的格子表示回报率为 0。无人机在飞行过程中，其路径必须是连续的，因此在同一个连通域内无人机可以一直飞行，从而保证一直能进行搜索从而获得较高收益。但是在不同的连通域之间，无人机必须要飞过中间的 0 回报率网格(简称零网格)。显然,无人机飞过的零网格越少,则效率越高。因此,可以设计一种网格连通化算法,使得高回报率的区域能够连通,而且使用的零网格尽可能少。图 5.6(b)展示了连通化之后的效果,其中浅灰色的网格是为了保证连通性而加入集合的零网格。

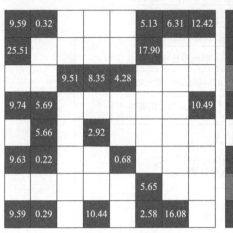 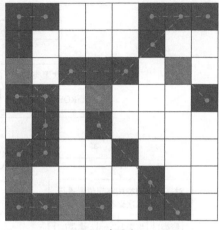

(a) 连通前   (b) 连通后

图 5.6 搜索区域的连通化(彩图请扫码)

需要对连通后的搜索区域进行聚类,使得每个聚类即为一个连通域,而且同一聚类的各网格之间收益率大体相同,使得每次无人机只需要在平均收益率高的连通域进行搜索即可。连通域聚类的过程为:首先利用普里姆算法(Prim's algorithm)计算连通图中对应的最小生成树,如图 5.6(b)中的虚线所示;然后删除树中的边从而将树分成若干棵子树,由于每棵子树的内部都有边相连,这样就形成了若干个连通域。然而,对于每个连通域可能存在的划分不平衡的现象,需要进行相应的改进。

最小生成树划分算法将产生一个包含 n 棵树 $T_1, \cdots, T_n$ 的图 G^*,每棵树的内部都是连通的,但是跟其他树没有任何的公共点或者边。初始迭代时,G^* 只有一棵最小生成树。每次迭代时,首先检查 G^* 图,然后移除掉其中一条边,把树 T_i 分为 T_{i+1} 和 T_{i+2},这就相当于把一个连通域分成两块连通域的过程。挑选那些移除后能最大限度增加总体聚类质量的边,总体聚类质量采用内部聚类的平方和 $Q(\Pi)$ 进行度量:

$$Q(\Pi) = \sum_{i=0}^{k} \mathrm{SSD}_i \tag{5.11}$$

式中，Π 是将对象分为 k 个树的划分；$Q(\Pi)$ 是这个聚类划分得到的整体质量的度量。

采用 SSD 进行评价。SSD 是评价一个聚类中元素属性值分散程度的指标。聚类中各元素的属性越相似，则 SSD 越小，其定义如下：

$$\text{SSD}_k = \sum_{j=1}^{m} \sum_{i=1}^{n_k} (x_{ij} - \bar{x}_j)^2 \tag{5.12}$$

上述 SSD 度量每棵树的样本点到其平均值的差的平方和。显然，$Q(\Pi)$ 应该最小化。

从理论上来说，仅采用 SSD 作为评价指标会造成分割树不均衡的情况，主要体现在有些树中所包含的节点很多，而其他树包含的节点则过少。为了使得聚类划分更加均衡，在原有目标函数 SSD 的基础上，增加了不均衡的惩罚项，这时总体聚类质量的度量 $Q'(\Pi)$ 为

$$Q'(\Pi) = \sum_{i=0}^{k} \text{SSD}_i + 100 \cdot \max\left(\alpha - \frac{\min(G^*)}{\max(G^*)}, 0\right) \tag{5.13}$$

式中，$\min(G^*)$ 和 $\max(G^*)$ 分别代表 G^* 图中节点最少的树和节点最多的树各自的节点数量；α 为均衡因子，取值范围是 $0 \leqslant \alpha \leqslant 1$。$\alpha$ 值越大，每个聚类含有的网格数越均衡。当 $\alpha =1$ 时，要求每个区域的节点个数一样，而 $\alpha =0$ 时，则对于各区域的节点个数不作要求。

如 3.3.2 节所述，当 $\alpha =0.6$ 时，聚类内部相似性较高，且各分区的节点数量也比较均衡。图 5.7 给出了 $\alpha =0.6$ 时，20×20 网格条件下，目标数量为 10，聚类数量 k 分别为 3、4、5、6 的聚类情况。

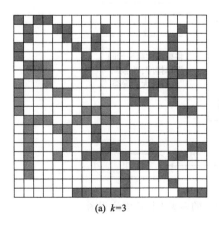 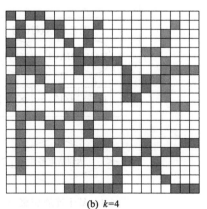

(a) $k=3$　　　　　　　　　　　　　　　　(b) $k=4$

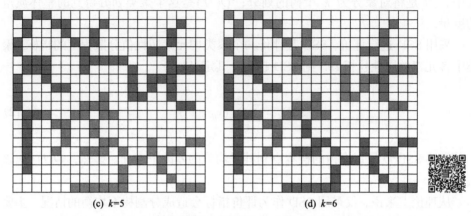

(c) $k=5$　　　　　　　　　　　(d) $k=6$

图 5.7　不同聚类数量时的网格聚类情况（彩图请扫码）

综上所述，基于 MST 连通域聚类的多无人机协同搜索流程如图 5.8 所示。

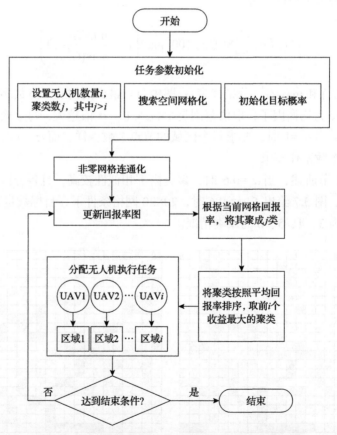

图 5.8　基于连通域聚类分区的多无人机搜索流程图

5.2.3　实验分析

对于协同搜索规划，已知任务区域内存在潜在目标及其相关的先验概率信息，假设无人机之间、无人机与地面指控中枢之间都有交互能力，可以掌握全局的回报率信息及变化情况；其主要目标是进行合理的聚类分配及航路规划，使得无人机在一定时间内获取的总收益尽可能大[18]。

假设搜索区域的长度和宽度均为 1066m，无人机的相关参数设置如下：发现目标的瞬时概率 η=0.005 ，横向最大加速度为 0.55m/s^2，切向最大加速度为 2.5m/s^2，初始速度 10m/s。

为了获得更好的总收益，可以进一步引入自适应聚类机制，这里设定全局回报率的相对阈值 β=0.3。对于连通域算法，无人机会在网格中进行盘旋搜索直到回报率下降至阈值；对于 C-means 算法，先通过阈值过滤掉较低回报率的网格，随后按照空间位置进行聚类，最大迭代次数设为 50 次。

为了比较各算法之间的性能差别，采用三个规模、目标、无人机数量等互不相同的搜索情景进行测试，各搜索情景条件如表 5.1 所示。对于所有测试情景，假设无人机均从搜索区域的右下角出发，方向向上；对于同一测试情景，不同算法对应的无人机初始位置也是一致的，确保算法的初始状态相同。

表 5.1　搜索情景概述

情景	单元规模	目标个数	回报网格数量	无人机数量/架	搜索时间上限/s
情景 1	8×8	5	18	2	300
情景 2	10×10	8	36	3	300
情景 3	13×13	10	51	4	400

除了总收益作为评价指标以外，对于同一种算法，希望其在同样的问题上能够得到比较稳定的解。为了评价算法的稳定性，在同一个搜索情景中多次运行同一算法，得到了多组总收益之后，采用变异系数(coefficient of variation, CV)来衡量算法的稳定性，其定义如下：

$$CV = \sigma / \mu \tag{5.14}$$

式中，σ 是多组收益的标准差；μ 为平均值。CV 的绝对值越大，说明解的稳定性越差。

下面将三种算法在情景 1、2 和 3 中分别独立运行 20 次，每次无人机都从同样的位置起飞，三种算法的收益率的统计情况如表 5.2 所示，加黑的字体是每种情景中表现最好的均值和 CV 值。从表中可以看出，连通域算法的收益率均值明显优于其他两种基准算法，比 C-means 算法性能至少提升 15.6%，较分布式贪心算法性能至少提升 24.5%。

表 5.2　三种算法在不同情景中独立运行 20 次的收益率统计

情景	算法	均值	标准差	CV 值
情景 1	连通域算法	**2.121**	0.003	**0.001**
	C-means 算法	1.834	0.042	0.023
	分布式贪心算法	1.704	0.037	0.021
情景 2	连通域算法	**3.496**	0.017	**0.005**
	C-means 算法	2.892	0.035	0.012
	分布式贪心算法	2.522	0.050	0.020
情景 3	连通域算法	**5.473**	0.024	**0.004**
	C-means 算法	4.485	0.073	0.016
	分布式贪心算法	3.916	0.048	0.012

三种算法的 CV 值都较小，其中连通域算法稳定性最好，其他两种基准算法的稳定性大体相似。究其原因主要是连通域算法采用最小生成树剪枝法生成区域，基本上不受初始情况的影响，聚类结果很稳定；C-means 聚类方法对初始条件较为敏感，导致聚类结果不够稳定；分布贪心算法转场频繁，容易造成收益不稳定。

以情景 3 的某次实验为例，进一步对比分析协同搜索效果。各算法控制无人机在情景 3 中的情况如图 5.9 所示。其中，图(a)、(b)、(c)分别给出了连通域算法、C-means 算法、分布式贪心算法下的搜索路径，图(d)则为三种算法的收益情况。结果表明，连通域算法的搜索效率更高，在给定的时间中获得了更多收益，而这一结论也可以从无人机搜索路径反映出来。在连通域算法下，每架无人机搜索区域内的网格紧密关联，需要转场的路径较少。在另外两种算法中，C-means 算法也对多无人机进行了一定的区域划分，因此只有小范围转场，搜索效果好于分布式贪心算法；分布式贪心算法过分强调局部最优而忽视了搜索效率，从而导致转场消耗的时间过多，整体收益很低。

查看搜索空间中各单元格的剩余回报率情况，可以了解各算法的搜索效果，图 5.10 展示了三种算法在情景 3 中运行 400s 后搜索单元格的剩余回报率情况。图(a)、(b)、(c)分别表示连通域算法、C-means 算法、分布式贪心算法下的剩余回报率情况，白色网格代表零网格，深色网格数值越大，代表剩余的回报率越高。

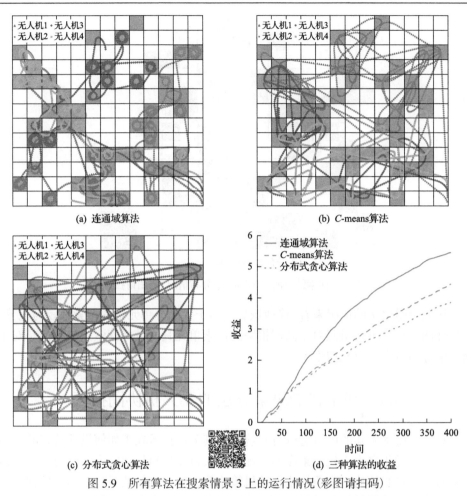

(a) 连通域算法　　　　　　　　　　(b) C-means算法

(c) 分布式贪心算法　　　　　　　　(d) 三种算法的收益

图 5.9　所有算法在搜索情景 3 上的运行情况(彩图请扫码)

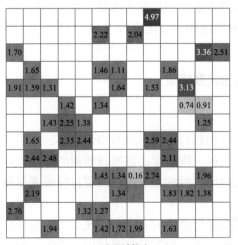

(a) 连通域算法

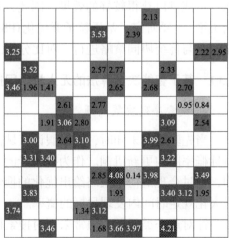

(b) C-means算法

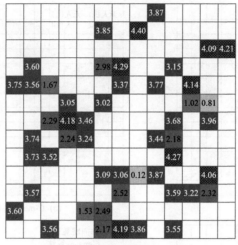

(c) 分布式贪心算法

图 5.10　搜索结束的剩余回报率分布情况(彩图请扫码)

从剩余回报率的情况来看,连通域算法对于大部分单元格的搜索都较为充分。而另外两种算法下,虽然对于高回报率的搜索单元具有较好搜索效果,但是对于众多中等回报率的单元搜索不够。

5.3　基于智能决策算法的无人机协同搜索

对先验概率未知的区域进行协同搜索,其关键技术在于如何设计动态的协同决策,由此优化多无人机搜索序列,提高无人机发现目标的能力。传统的动态协同策略,如贪心策略、竞争策略和随机策略等,对于网格数量较多的区域搜索问题,可能难以获得较好的效果。因此,本节考虑利用启发式机制实现无人机的协同决策,主要研究了基于粒子群优化(PSO)算法和水波优化(WWO)算法的搜索策略,并与传统协同策略进行了对比分析。

5.3.1　基于智能决策算法的无人机协同搜索问题模型

1. 搜索序列决策问题

当先验概率未知时,可以假设区域内的初始目标概率图为均匀分布,并引入目标概率图的更新机制。作为搜索者的无人机,则需要动态选择搜索的子区域序列,通过合理的协同策略给出优化的搜索时序,目的在于较快发现目标或者尽量最大化规定时间内发现目标的概率。

针对这一类问题,通常采用对搜索概率进行建模的方式来实现无人机路径决策的逐步求解,其主要建模方式涉及搜索概率图、数字荷尔蒙和信息素等,而求解过程也涵盖了动态规划、贪心和进化算法等方式。在具体问题背景的求解过程中，又会根据无人机数量、环境因素等，给出不同解决方案。

搜索概率图通常用于描述搜索区域的目标存在概率变化的情况。针对无人机搜索决策问题，Bertuccelli 等[19]提出了一种不确定环境下的无人机搜索框架，借助 Beta 分布对每个子区域中的先验知识进行建模，通过贝叶斯定理对概率进行更新，并基于此做出鲁棒性好的搜索决策；同时将带禁飞区域的搜索区域分割成无禁飞区域的子区域，设计了一种基于深度优先搜索(depth first search, DFS)策略的搜索算法来解决该问题。

由于单无人机在搜索时存在搜索模式单一、鲁棒性相对较差的情况，美国航天航空学会(American Institute of Aeronautics and Astronautics, AIAA)[20]建立了一张全局占用图来实现多无人机的协同搜索，通过占用图和目标存在信息的同步使得多无人机共享单一策略。在建模过程中，将搜索问题拆分成三个优化子问题，分别进行求解。同样是基于鲁棒性的考虑，祁晓明等[21]也通过建立搜索概率图来描述环境信息，利用贝叶斯定理对其进行更新，使其搜索效能最大化。在选择搜索路径时，则利用滚动优化的方法，每次考虑从当前时刻到未来某一时刻的可能情况，作为选择下一待搜索区域的参考。同时加入了鲁棒参数，将鲁棒性与区域的不确定性程度联系起来，以此找到鲁棒性能参数与最优搜索次数之间的关系。

Flint 等[22]将目标函数建模为最大化搜索收益，多无人机通过共用一张占用图来实现搜索结果的信息同步，主要设计了一种动态规划(DP)算法来求解该问题，将每一步的搜索收益转化为搜索增益，即认为总收益的来源由当前步选择区域产生的收益与到当前步的增益函数决定，进而实现对原问题的求解。

Khan 等[23]通过目标存在概率图来表示子区域中存在目标的可能性，并通过本地观测数据更新相应子区域的置信度值，再与其他无人机的信息进行合并，实现对区域目标存在可能性的刻画；同时将协作策略与非协作策略进行对比，说明协作策略较优。而 Beard 等[24]考虑到实际中存在的常见问题，如避障和距离通信约束等，对多无人机协同搜索问题进行了进一步求解，设计出通过考虑临近无人机可行路径以寻找团队最优路径的搜索策略，并与最优策略进行对比，说明协作搜索算法的可行性。

同样是基于贝叶斯定理，田菁等[25]将搜索区域建模为六边形网格结构，以规避长方体结构存在相邻区域的距离不一致问题，通过基于贝叶斯定理的搜索概率图表示环境信息的更新，利用信息熵表示区域的不确定程度，通过最大化信息增益选择下一待搜索区域，最终设计了一种基于遗传算法的多无人机系统搜索算法来解决该问题。

面对不确定环境下的无人机协同区域搜索问题时，符小卫等[26]将无人机视作二维空间的运动质点，使用传感器对周围区域进行探测，完善无人机内部的概率分布图，并定时交换概率分布图信息，设计了一种贪心的求解策略，每次平衡局部搜索最优与全局搜索最优的情况，选择搜索代价最小的路径，作为下次搜索区域。对于不确定环境下的搜索问题，张莹莹等[27]采用协同进化遗传算法，实时生成局部最优路径，以满足在搜索过程中的实时性要求，将最优搜索路径范围缩小，将未来几个周期内的搜索路径作为种群个体而不是采用全部时间内的搜索路径，通过这种方式实现了逐步迭代生成较优路径的过程。

除了采用基于贝叶斯定理的目标存在概率更新方式外，也存在与数字荷尔蒙、信息素等其他因素结合的方法，以应对实际问题中不同因素对搜索过程和结果的影响。彭辉等[28]引入数字荷尔蒙来实现区域之间的相互关联，利用荷尔蒙的传播抑制或扩散功能来实现搜索某区域结果对相邻区域的影响，并进一步将目标函数细化为目标发现收益、环境搜索收益和协同收益等，借助滚动优化的方式动态决定下一时刻的搜索路径。为了将防碰撞问题考虑在内，刘重等[29]借助信息素的“释放-传播-挥发”机制来实现无人机在相邻网格间的移动控制，主要通过目标存在概率地图、不确定地图和数字信息素地图来描述环境信息，进而细化对无人机选择待搜索区域的控制。

2. 关联矩阵及概率更新模型

在实际问题中，搜索区域之间可能并非完全不相关，搜索到某个区域时，会发现该区域的搜索结果将会影响周边几个区域的目标存在概率。例如，当对目标区域进行搜索时，虽然未直接找到搜索目标，但发现了与搜索目标相关的物品，此时，该搜索区域对周边区域产生正面影响；若搜索到某个区域时，发现区域的某种突发特征使得目标不可能出现在该区域附近，此时，该搜索区域就对周边区域产生负面影响。基于上述分析，需要加入区域间的相互影响因素，得到搜索过程中搜索概率发生改变的动态搜索问题模型。

通过这种更细粒度的建模方式可以应对实际搜索问题中遇到的一些常见情况。对于搜索目标存在概率变动的情况，通常会在搜索完区域后，根据搜索结果和搜索区域的特性，决定是否影响相邻搜索区域。由于在搜索过程中，搜索顺序的先后也会影响搜索区域目标存在概率的变化，所以无法采用传统的路径规划解决方案在初始状态就直接生成搜索路径以指导搜索过程。

将二维搜索平面划分为 m 个子区域，垂直方向划分为 k 个不同高度模式。假设无人机在搜索时需要选择一个最佳高度来识别区域内是否有目标，由此对该问题作出抽象，赋予无人机不同的搜索模式与高度，以实现不同模式的搜索。当没有先验概率信息时，可以假设初始概率服从均匀分布。对网格化区域中的目标存在概率进行更新，则可以考虑采用搜索单元之间的关联性，这里通过设置关联矩阵 $r(i, k_i)$ 来表示搜索单元 i 和搜索高度 k_i 对周围区域的关联关系，取值为

$\{-1,0,1\}$。当取值为 1 时，表示当前区域对周围区域存在正相关影响；当取值为 0 时，表示当前区域对周围区域不存在影响关系；当取值为-1 时，则表示当前区域对周围区域存在负相关影响。考虑到关联关系必须在搜索完区域后得知，可将问题抽象如图 5.11 所示。

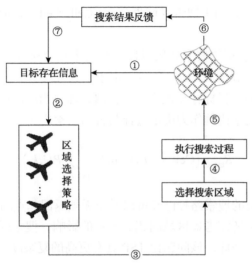

图 5.11　动态协同搜索建模

图 5.11 中，首先从环境中获取目标存在的初始状态，然后对目标存在可能性进行建模，依据区域选择策略来选择待搜索区域，最后执行搜索过程，根据区域关联关系执行目标存在信息的更新。不断循环该过程，直至搜索到目标为止，即可完成对目标的搜索过程。

其中，对于搜索区域的选择，需考虑到对搜索区域的重复搜索、所选区域的目标存在概率在未搜索区域中的排名水平和时间转移损耗等因素。由此，可得出该问题的目标函数如式 (5.15) 所示，其含义为每一迭代周期选择合理的搜索区域和高度进行动态搜索，使得所选搜索区域构成的概率和尽可能大，从而尽快完成对目标的搜索过程。

$$\max f(\boldsymbol{t}) = \sum_{t=1}^{m\cdot k} R_{\text{time}}\left(\text{Cell}_t\right) \cdot R_{\text{target}}\left(\text{Cell}_t\right) \cdot \lambda$$
$$\text{s.t.} \sum_{t=2}^{m\cdot k} t\left(\text{Cell}_{t-1}, \text{Cell}_t\right) \leqslant \hat{t} \tag{5.15}$$

式中，Cell_t 表示 t 时刻所选搜索区域；$R_{\text{time}}\left(\text{Cell}_t\right)$ 表示所选搜索区域搜索时间相对于其他未搜索区域时间的相对顺序比例：

$$R_{\text{time}}\left(\text{Cell}_t\right) = \frac{\max\limits_{\text{iteme}\in S_u} t\left(\text{Cell}_{t-1}, \text{Cell}_{\text{item}}\right) - t\left(\text{Cell}_{t-1}, \text{Cell}_t\right)}{\max\limits_{\text{iteme}\in S_u} t\left(\text{Cell}_{t-1}, \text{Cell}_{\text{item}}\right) - \left(\sum\limits_{\text{item}\in S_u} t\left(\text{Cell}_{t-1}, \text{Cell}_{\text{item}}\right)\right)/|S_u|} \quad (5.16)$$

式中，S_u 表示当前时刻的未搜索区域集合；$t(\text{Cell}_i, \text{Cell}_j)$ 表示从区域 i 到区域 j 的转移时间。

$R_{\text{target}}(\text{Cell}_t)$ 表示所选搜索区域目标存在概率相对于其他区目标存在概率的相对顺序比例，其计算如式 (5.17) 所示。由于目标存在概率会随着搜索的进行发生改变，在此将全局的目标存在概率考虑在内，即将当前区域目标存在概率占所有区域的目标存在概率比例作为决定选择与否的因素之一。

$$R_{\text{target}}\left(\text{Cell}_t\right) = P\left(\text{Cell}_t\right)\Big/ \sum_{i=1}^{m}\sum_{j=1}^{K} P\left(i, k_i\right) \quad (5.17)$$

选择有限个区域的搜索路径已经可以看作无须返回起点的 TSP 的特殊形式，而该问题在此基础上还需考虑区域间相关关系的影响，搜索区域的先后顺序亦引起搜索概率的改变，因此，该问题比 TSP 具有更高的复杂度。

5.3.2 基于群智能机制的无人机搜索决策

下面主要引入两种群智能协同机制研究多无人机搜索决策问题。

1. PSO 协同机制

粒子群优化算法[30]是模拟自然界中飞鸟集群活动规律的一种群智能算法。在 n 维解空间中，每个粒子 i 具有一个位置向量 x_i 和一个速度向量 v_i。算法在搜索过程中记录下粒子 i 迄今为止搜索到的最优位置 $\mathbf{pbest}_i$，以及整个粒子群迄今为止搜索到的最优位置 $\mathbf{gbest}_i$。在算法的每次迭代中，粒子 i 的速度和位置更新公式如下：

$$v_{i+1} = \omega v_i + c_1 r \cdot \left(\mathbf{pbest}_i - x_i\right) + c_2 r \cdot \left(\mathbf{gbest}_i - x_i\right) \quad (5.18)$$

$$x_{i+1} = x_i + v_i \quad (5.19)$$

式中，ω 为惯性权重，用于控制粒子沿原有轨迹运动的程度；c_1 和 c_2 是两个学习因子，分别用于控制粒子进行自我学习和向群体学习的比例；r 用于生成 0 到 1 之间的一个随机数。在实际应用时，参数 ω、c_1 和 c_2 可取常量，也可随着搜索过程而动态调整。

观察式 (5.18) 和式 (5.19) 不难看出，计算每个粒子的速度 v_i，把它作为控制每个方向位移的主要影响因素，此时的前提条件是解空间连续，即主要针对连续优化问题。在该问题的求解中要确定多无人机的搜索序列，过程中对于区域的搜索最多执行一次，因此属于离散优化中的组合优化问题。

在将 PSO 算法应用于离散优化问题时，关键在于对速度和位置的处理。标准 PSO 算法中，某个方向的速度可以看作对现有方向的进一步探索，速度越大，说明在该方向上搜索的粒度越粗，而速度越小则倾向于实现精细搜索。

基于这样的考虑，速度可以看作一种某个方向上的探索能力。那么组合优化问题的求解，是否可以考虑将速度看作在某个方向上探索的最大能力，根据探索能力选择在距离当前位置一定半径内的下一待搜索区域进行搜索？此时，速度可引申为最大速度，衡量了某个方向上的最大探索能力，在以速度为半径的覆盖范围内随机选择未搜索区域作为下一待搜索区域即可。由此，可得出修改后的速度更新公式如下：

$$v_{i+1} = \left| \omega v_i + c_1 r \cdot d\left(\textbf{pbest}_i, \textbf{x}_i\right) \right| \tag{5.20}$$

式中，$d\left(\textbf{pbest}_i, \textbf{x}_i\right)$ 表示粒子当前位置到粒子历史最优解的距离。

考虑粒子位置的更新，将速度看作搜索覆盖范围，得出半径如式 (5.21) 所示，选择覆盖范围内未搜索区域，即可实现区域的搜索。位置更新时，在当前未搜索区域与以当前位置为中心、radius 为半径的区域产生的交集内，随机选择一个区域作为粒子的新位置。

$$\text{radius} = \max\left(2, \text{rand}\left(\max\left(1, \min\left(\textbf{v}_i\right)\right)\right)\right) \tag{5.21}$$

基于上述思想，设计一种改进的 PSO 算法如算法 5.1 所示。

算法 5.1　改进的 PSO 算法

---

1. 根据无人机所处位置初始化种群中粒子位置，随机生成粒子各维度速度，得到种群 P；

2. 初始化访问标记数组 flag、路径访问数组 path、搜索时间记录数组 cost；

3. 若找到目标，则返回搜索时间，结束算法；

4. 否则状态更新，对种群中的每一个粒子 z 执行如下操作：

5. 　更新周围区域的目标存在概率 $p_s' = p_s + p \cdot p_r(z,s) \cdot A$；

6. 　设置 z 所处区域的目标存在概率 $p' = 0$；

7. 　flag$[z] \leftarrow 1$；

8. 创建新的空白种群 P'；

---

9. 搜索区域计算，对种群中的每一个粒子 z 执行如下操作：

10. 　　根据式(5.20)更新粒子每个维度的速度；

11. 　　根据式(5.21)获得探索半径；

12. 　　若以当前位置为圆心、radius 为半径范围内不存在未搜索区域，则随机生成一个可行位置；

13. 　　否则在覆盖范围内随机选择一个可行位置；

14. 　　计算搜索时间，更新每个粒子的搜索时间记录数组 cost；

15. 　　保存粒子的搜索路径至路径访问数组 path 中；

16. 　　$P \leftarrow P'$；

17. 转第 3 步。

首先对问题进行建模，考虑将无人机群中每一个无人机看作种群中的一个粒子，解空间的每一个位置对应一个实际的搜索区域。解空间内粒子所处位置只表示某一周期内无人机的实际位置，而每个无人机的最终搜索路径由历史位置的叠加产生。这样，在每个周期只需按照更新策略依次更新粒子速度和位置，即可实现对搜索区域的动态搜索。

其次，需考虑区域间的关联关系如何引起搜索概率的变化。如算法 5.1 中第 5 行所示，当搜索完某区域时，需根据当前区域的目标存在概率更新周围区域的目标存在概率，更新时需综合考虑对应区域的原始目标存在概率值、关联关系(正、负)和权重系数。关联关系 $p_r(z,s)$ 表明了对目标存在概率值引起的正向影响或负向影响关系，影响权重系数 A 则表示影响程度。

在搜索过程中，需要设置一系列辅助数组以优化算法和记录结果。由于在算法运行过程中可能会多次用到区域间的距离数据，为了提高运行效率，可考虑在算法运行前计算出结果，运行过程中直接获取数据。为了避免搜索过程中对已搜索区域的重复搜索，设置访问标记数组 flag，记录已访问区域。为了实现不同算法之间的性能比较，设置搜索时间记录数组 cost，记录寻找到目标所需的时间。同时，为了便于回溯搜索过程，设置路径访问数组 path，记录每个无人机的历史访问路径。

在该算法的设计中，建模时将无人机群中的无人机与粒子群中的粒子对应起来，通过控制粒子的捕食搜索过程来指导无人机的实际搜索过程。除此之外，还将标准 PSO 算法中的速度和位置更新规则作了适用于该问题的改进，提高了找到目标所在区域的效率，缩短了搜索用时。

基于以上分析与设计，改进 PSO 算法的流程如图 5.12 所示。

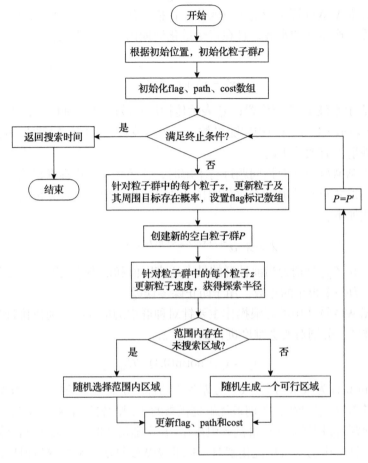

图 5.12 改进 PSO 算法的流程图

2. WWO 协同机制

将郑宇军提出的 WWO 算法[31]视为标准 WWO 算法，该算法通常将问题的可行解看作一个水波，通过对水波的传播、碎浪、折射等操作实现对解空间的启发式搜索。标准 WWO 算法的设计主要针对连续优化问题，先借助传播操作得到新水波，然后利用碎浪操作处理新的最优解，进而实现精细化搜索，最后通过折射操作处理不可再优化的解，重新引入新的可优化解，不断执行迭代过程以获取较优解。

由于无人机搜索决策是离散优化中的组合优化问题，考虑将标准 WWO 算法转化为离散形式。在搜索过程中，目标存在概率会因搜索顺序不同而发生改变，因此无法采取直接生成多无人机搜索路径的形式来迭代产生较优解。不妨将每个无人机看作一个水波，把无人机的搜索过程转换为水波在近岸传播时的变化情况，这样水波的历史搜索过程即为无人机的搜索路径。

作为标准 WWO 算法中的关键操作，传播操作主要通过水波在每个维度的随机转移操作来产生新的水波，且在每个进化周期内对每个水波执行一次，传播公式如下：

$$x'_d = x_d + r \cdot \lambda \cdot L_d \tag{5.22}$$

式中，x_d 表示水波第 d 维位置；x'_d 表示传播后水波的第 d 维位置；L_d 表示第 d 维长度；r 表示[-1, 1]内的均匀随机数；λ 表示波长。若传播后的水波超过 L_d，则将重新映射到有效范围内。

在利用 WWO 算法对该问题进行求解时，传播操作采用标准形式，但应注意其整数编码形式重新映射到有效范围$[0, L_d]$内。相应地，执行完传播操作后的波长更新公式如下：

$$\lambda' = \lambda \cdot \alpha^{-(f(x)-f_{\min}+\varepsilon)/(f_{\max}-f_{\min}+\varepsilon)} \tag{5.23}$$

式中，$f_{\max}$ 和 $f_{\min}$ 分别为当前种群的最大适应度值和最小适应度值；α 为波长增减系数；ε 为一个很小的正数，用于防止除零误差。

标准 WWO 算法中的碎浪操作主要针对种群中的最优解，随机挑选当前最优解的 k 个维度，分别对所选维度进行如下更新：

$$x'_d = x_d + \text{norm}(0,1) \cdot \beta L_d \tag{5.24}$$

式中，$\text{norm}(0,1)$ 为服从期望为 0、方差为 1 的标准正态分布函数；β 为碎浪系数。执行碎浪操作后，若产生比当前最优解更优秀的解，则替换，否则保留当前最优解。在求解该问题时，同样采用标准的碎浪操作，每次随机选取 1 个维度进行碎浪操作。

当面对种群中的不可再优化解时，标准 WWO 算法通常采取折射操作，将水波重新映射到可优化解，转换规则如下：

$$x'_d = \text{norm}\left(\frac{x^*_d + x_d}{2}, \frac{\left|x^*_d - x_d\right|}{2}\right) \tag{5.25}$$

式中，x^* 表示种群中的当前最优解。执行折射操作后，波高会重置为 $h_{\max}$，波长更新如下：

$$\lambda' = \lambda \frac{f(x)}{f(x')} \tag{5.26}$$

针对多无人机动态搜索问题，由于选择搜索区域的先后顺序决定了周围区域的目标存在概率变化，且在未搜索时无法获取相关信息，需要一个合理的可根据环境信息改变而进行搜索决策的算法来控制无人机的实际搜索过程。WWO 算法作为近些年来相对较优的启发式优化算法，在多个基本问题上已有较优表现。

因此，在求解该问题时，将标准 WWO 算法中对解空间搜索的过程转化为水波根据实际情况选择下一可能位置的情况，将水波在海床中位置更新的过程与无人机的实际搜索过程结合起来，具体解决方案如算法 5.2 所示[32]。

算法 5.2　改进的 WWO 算法

1. 根据无人机所处位置初始化种群中水波位置，得到种群 P；

2. 初始化标记数组 flag、路径访问数组 path、时间记录数组 cost；

3. 若找到目标，则返回搜索时间，结束算法；

4. 否则状态更新，对种群中的每一个水波 z 执行如下操作：

5. 　　更新周围区域的目标存在概率 $p'_s = p_s + p \cdot p_r(z,s) \cdot A$；

6. 　　设置 z 所处区域的目标存在概率 $p' = 0$；

7. 　　flag$[z] \leftarrow 1$；

8. 创建新的空白种群 P'；

9. 搜索区域计算，对种群中的每一个水波 z 执行如下操作：

10. 　　记录当前种群中的最大适应度值水波；

11. 　　根据式 (5.21) 执行传播操作，得到新的可行解 z'；

12. 　　若 $f(z') > f(z)$，则执行如下操作：

13. 　　　　根据式 (5.23) 执行碎浪操作，得到可行解 z''；

14. 　　　　若 $f(z'') > f(z')$，则 $z' \leftarrow z''$；

15. 　　　　重置波高为 $h_{\max}$；

16. 　　否则，调整波高：$h \leftarrow h-1$；

17. 　　若波高减为 0，则执行如下操作：

18. 　　　　根据式 (5.25) 执行折射操作，得到可行解 z'''；

19. 　　　　调整波高：$h \leftarrow h_{\max}$；

20. 　　　　调整波长：$\lambda \leftarrow \lambda \cdot f(z')/f(z''')$；

21. 　　否则，随机生成可行解 z''''；

22. 　　根据式 (5.26) 更新波长；

23. 　　计算搜索时间，更新每个粒子的搜索时间记录数 cost；

24. 　　保存粒子的搜索路径至路径访问数组 path 中；

25. 　$P \leftarrow P'$；

26. 转第 3 步。

在该算法的设计中，将无人机的搜索过程与水波优化的搜索过程联系起来，进而控制无人机的实际搜索过程。在算法求解的过程中，借助波长的变化来控制无人机的搜索范围，通过传播操作实现水波附近的搜索，利用碎浪操作处理当前种群中的最优解实现寻优过程，凭借折射操作处理不可再持续搜索的解。

WWO 算法本身具有较强的平衡全局和局部搜索的能力，在应用于无人机动态搜索问题时，可以较好平衡无人机在搜索时遇到的历史最优和全局最优的位置，从而实现对目标的有效搜索。

基于以上分析和设计，改进 WWO 算法的流程如图 5.13 所示。

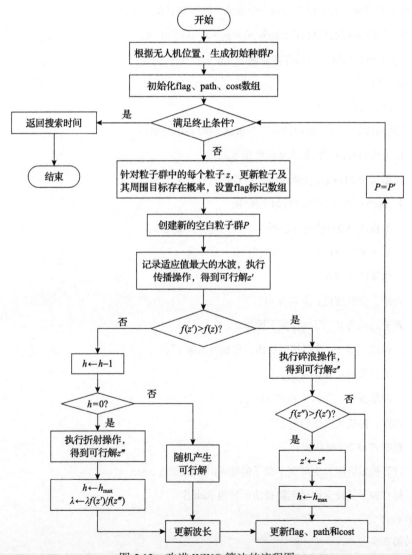

图 5.13　改进 WWO 算法的流程图

5.3.3　实验分析

对于无人机搜索的协同决策，一般可以将该问题视为一个优化决策问题，即按照一定的协同策略进行优化求解，由此获得无人机的搜索行为序列；其中的动态搜索过程主要表现为每一迭代周期都要根据概率更新进行合理决策，使得所选搜索区域构成的概率和尽可能大，从而尽快发现目标。

下面构建搜索面积为 $20\sim120km^2$、搜索高度范围为 $100\sim300m$、无人机架数为 $3\sim10$、目标个数为 $2\sim5$ 的 10 组问题实例，实例中包含搜索区域先验概率信息、无人机初始位置、目标存在位置和高度信息等。对于该问题，还有一些实际因素需要进行必要抽象。不妨假设无人机类型为多旋翼，即无人机在搜索时不存在朝向问题，下一时刻可向任意方向展开搜索。在搜索前，搜索目标数已知，即无人机知道何时停止搜索而无需对搜索区域进行遍历搜索。在实际搜索过程中，若发现与搜索目标相关的信息，往往只能判断出对周围区域的正面和负面影响，而无法得知具体影响程度，在此将正面影响和负面影响分别用 +1 和 −1 表示，作为关联矩阵里的元素，对于无影响的区域则用 0 表示。

在实验过程中，主要对比了传统协同策略与启发式搜索策略(如 PSO、WWO机制)在几组不同规模下实例的表现性能。实验时，对于传统搜索策略每种实例运行 10 次，而启发式搜索策略则每种实例运行 30 次。PSO 算法中设置影响权重系数 A 为 0.6，粒子个数与无人机个数相同，搜索到目标时结束。WWO 算法中设置 λ 初值为 1.2，波长增减系数 α 为 1.026，碎浪系数 β 为 0.01，最大波长 h_{max} 为 6。为了便于不同算法之间的比较，搜索到目标区域时停止，计算搜索到目标的总时间，作为比较手段。

表 5.3 给出了六种搜索策略在 10 个实例上的算法表现对比情况，每组实例包含 20 次运行结果的最大值(max)、最小值(min)、中值(median)和标准差(std)。对于传统搜索策略中的全局贪心和局部贪心策略，所选搜索区域与运行次数无关，因此在单一实例上的运行数据只有一组(标准差为 0，最大、最小和中值相等)。

表 5.3　六种搜索策略在 10 个实例上的实验比较结果

实例编号	指标	传统搜索策略				启发式搜索策略	
		全局贪心	局部贪心	竞争搜索	随机搜索	PSO	WWO
1	max	109.478	59.251	113.657	**35.824**	**34.258**	43.221
	min			72.711	**14.495**	4.573	**0.491**
	median			100.573	**21.271**	17.542	**14.849**
	std			14.822	**7.778**	**6.610**	9.954

实例编号	指标	传统搜索策略				启发式搜索策略	
		全局贪心	局部贪心	竞争搜索	随机搜索	PSO	WWO
2	max	151.272	89.176	136.464	**87.131**	66.320	**63.363**
	Min			106.080	**12.644**	11.134	**9.998**
	median			114.987	**58.681**	33.705	**33.054**
	Std			**11.880**	25.573	11.435	**11.090**
3	max	377.890	308.386	515.318	**178.160**	102.253	**94.125**
	min			316.387	**66.300**	**11.027**	24.989
	median			417.249	**108.403**	71.928	**62.408**
	std			57.553	**30.062**	16.073	**14.850**
4	max	507.951	489.809	470.567	**407.681**	142.752	**110.969**
	min			346.564	**79.834**	34.893	**17.210**
	median			398.529	**200.869**	87.187	**75.830**
	std			45.643	**80.742**	22.481	**18.539**
5	max	584.640	467.798	738.131	**307.331**	143.460	**126.456**
	min			532.065	**61.844**	22.323	**16.708**
	median			654.961	**238.310**	88.169	**73.290**
	std			77.179	83.501	**19.141**	20.415
6	max	522.093	450.882	511.200	**268.269**	**144.277**	153.676
	min			363.906	**55.131**	19.168	**15.832**
	median			408.861	**147.394**	74.953	**72.752**
	std			**40.280**	70.374	23.862	**23.081**
7	max	291.318	338.739	**256.305**	329.057	121.577	**89.206**
	min			204.650	**83.225**	30.541	**25.430**
	median			232.945	**210.962**	80.306	**62.929**
	std			**16.536**	73.081	14.714	**11.867**
8	max	988.231	361.815	760.319	**198.261**	141.646	**124.159**
	min			382.487	**60.616**	22.633	**22.003**
	median			570.820	**148.224**	85.584	**79.790**
	std			111.449	**38.872**	24.283	**23.093**
9	max	1113.739	572.083	771.253	**509.944**	260.512	**225.718**
	min			472.761	**299.338**	97.579	**20.135**
	median			549.995	**413.862**	179.663	**139.206**
	std			83.330	**64.198**	27.350	**38.806**
10	max	1142.511	585.168	723.690	**358.155**	164.124	**139.447**
	min			439.799	**225.360**	89.588	**44.779**
	median			598.619	**305.640**	114.505	**97.613**
	std			101.704	**51.351**	**17.826**	19.836

　　观察表 5.3 中的实验结果可看出，对于无人机动态搜索问题，传统搜索策略和方法的性能不稳定，针对不同类型的实例，其性能变动较大，在所选 10 组实例中，几种算法均表现出不同的性能差异，例如在大多数实例(除 7)中，局部贪心搜索要优于全局贪心搜索；在较大问题规模的实例(2、4~7)中，随机搜索算法具有较高的标准差，性能差异相对较大，但相比于其他单一传统搜索策略，具有较优性能。传统搜索策略随着问题实例规模的提升，所需时间越来越高，且相比启发式搜索策略具有较低的稳定性和搜索性能。

　　比较启发式搜索策略中 PSO 和 WWO 两种算法，WWO 算法在全部 10 组实例中表现情况要优于 PSO 算法，且相对于传统搜索策略具有较高的搜索效率，随着问题规模的改变，搜索所需时间增长较缓慢。

　　PSO 算法较为单一，每个周期依靠粒子在可变半径内的随机搜索实现对无人机的搜索控制。而 WWO 算法通过对每个水波进行随浪操作，然后有针对性地依据产生水波特点来决定是否在当前最优解附近进行精细化搜索，不仅如此，还针对不可再优化的解执行折射操作，用以控制在选择搜索下一区域时周边环境无合适区域可选的情况，改进的 WWO 算法表现要优于 PSO 算法。

5.4　本 章 小 结

　　本章概述了搜索问题相关的背景知识，在此基础上对多无人机协同搜索问题进行了分析。根据两种不同的任务场景及搜索模型，多无人机协同问题的研究可以有不同的相关假设，本章将无人机搜索任务划分为先验概率已知或未知两大类，两类任务分别侧重于"搜索规划"和"搜索决策"，无人机搜索模式分别对应于航路规划搜索和自由飞行搜索。考虑到实际任务的复杂性以及环境的不确定性，无人机协同搜索问题值得进一步更深入细致的研究。

参 考 文 献

[1] Stone L D. Theory of Optimal Search[M]. 2nd edition. Salt Lake City: Academic Press, 2004.

[2] 陈建勇. 单向最优搜索理论[M]. 北京: 国防工业出版社, 2016.

[3] Xu L, Stentz T. A fast traversal heuristic and optimal algorithm for effective environmental coverage[C]. Robotics: Science and Systems, Zaragoza, 2010.

[4] Sebbane Y B. 空中机器人规划与决策[M]. 吕超, 马培蓓, 杜彬彬, 等译. 北京: 国防工业出版社, 2018.

[5] Schouwenaars T, Mettler B, Feron E. Hybrid model for trajectory planning of agile autonomous vehicles[J]. Journal of Aerospace Computing, Information, and Communication, 2004, 1(12): 629-651.

[6] Michalewicz Z, David B. 如何求解问题: 现代启发式方法[M]. 曹宏庆, 李艳, 董红斌, 等译. 北京: 中国水利水电出版社, 2003.

[7] 张东戈, 牛彦杰, 权冀川, 等. 军事运筹学[M]. 北京: 国防工业出版社, 2012.

[8] Barker W. Information theory and optimal detection search[J]. Journal of Operations Research, 1977, 25: 304-314.

[9] 朱清新. 离散和连续空间中的最优搜索理论[M]. 北京: 科学出版社, 2005.

[10] 韩旭, 盛怀洁. 多无人机协同搜索研究综述[J]. 飞航导弹, 2018, (3): 40-45.

[11] 沈林成, 牛轶峰, 朱华勇. 多无人机自主协同控制理论与方法[M]. 北京: 国防工业出版社, 2018.

[12] Brust M R, Zurad M, Hentges L, et al. Target tracking optimization of UAV swarms based on dual-pheromone clustering[C]. 3rd IEEE International Conference on Cybernetics, Exeter, 2017: 1-8.

[13] Stone L D. Theory of Optimal Search[M]. Salt Lake City: Academic Press, 1975.

[14] 申卯兴, 曹泽阳, 周林. 现代军事运筹[M]. 北京: 国防工业出版社, 2014.

[15] Baum M, Passino K. A search-theoretic approach to cooperative control for uninhabited air vehicles[C]. AIAA Guidance, Navigation, and Control Conference and Exhibit, Monterey, 2002: 4589-4597.

[16] Sebbane Y B. 智能自主无人机: 先进任务与未来应用[M]. 祝小平, 周洲, 何其之, 等译. 北京: 机械工业出版社, 2020.

[17] 严明强, 刘博. 基于模糊 C 均值聚类的多无人机协同搜索策略[J]. 战术导弹技术, 2013, 34(1): 55-63.

[18] 贺伟雄. 基于聚类算法的应急管理决策优化研究[D]. 南京: 陆军工程大学, 2018.

[19] Bertuccelli L F, How J P. Robust UAV search for environments with imprecise probability maps[C]. Proceedings of the 44th IEEE Conference on Decision and Control, Seville , 2005: 5680-5685.

[20] Lum C, Rysdyk R, Pongpunwattana A. Occupancy based map searching using heterogeneous teams of autonomous vehicles[C]. AIAA Guidance, Navigation, and Control Conference and Exhibit, Portsmouth, 2006: 6196-6211.

[21] 祁晓明, 魏瑞轩, 沈东, 等. 面向目标不确定的多无人机鲁棒协同搜索[J]. 系统工程与电子技术, 2013, 35(11): 2303-2308.

[22] Flint M, Polycarpou M, Fernandez-Gaucherand E. Cooperative control for multiple autonomous UAV's searching for targets[C]. Proceedings of the 41st IEEE Conference on Decision and Control, Las Vegas, 2002: 2823-2828.

[23] Khan A, Yanmaz E, Rinner B. Information merging in multi-UAV cooperative search[C]. IEEE International Conference on Robotics and Automation, Hong Kong, 2014: 3122-3129.

[24] Beard R W, Mclain T W. Multiple UAV cooperative search under collision avoidance and limited range communication constraints[C]. 42nd IEEE International Conference on Decision and Control, Maui, 2003: 25-30.

[25] 田菁, 陈岩, 沈林成. 不确定环境中多无人机协同搜索算法[J]. 电子与信息学报, 2007, 29(10): 2325-2328.

[26] 符小卫, 魏广伟, 高晓光. 不确定环境下多无人机协同区域搜索算法[J]. 系统工程与电子技术, 2016, 38(4): 821-827.

[27] 张莹莹, 周德云, 夏欢. 不确定环境下多无人机协同搜索算法研究[J]. 电光与控制, 2012, 19(2): 5-8.

[28] 彭辉, 苏菲, 沈林成. 用于多无人机广域目标搜索的扩展搜索图方法[J]. 系统工程与电子技术, 2010, 32(4): 795-798.

[29] 刘重, 高晓光, 符小卫. 带信息素回访机制的多无人机分布式协同目标搜索[J]. 系统工程与电子技术, 2017, 39(9): 1998-2011.

[30] Kennedy J, Eberhart R. Particle swarm optimization[C]. Proceedings of the IEEE International Conference on Neural Networks, Perth, 1995: 1942-1948.

[31] Zheng Y J. Water wave optimization: A new nature-inspired metaheuristic[J]. Computers & Operations Research, 2015, 55: 1-11.

[32] 王玥. 基于智能控制算法的无人机搜索策略研究[D]. 杭州: 浙江工业大学, 2018.

第6章 人机协同优化搜索

尽管无人机搜索的应用非常广泛，但在很多实际应用场景还离不开人的参与。在搜索过程中进行人机协同优化，通过人类智能和机器智能的交互和融合，实现有人系统与无人系统的双向互补，是智能搜索的一个重要研究方向。

6.1 概　述

多年以来，游客和探险者在野外失踪的事件屡屡发生。在我国，根据文化和旅游部的不完全统计，2008～2017 年，全国共报告失踪游客 1600 余人，其中 76%成功获救，6%不幸遇难，剩下 18%至今仍未找到，在对失踪游客的搜救行动中投入了大量的人力和物力。在地形复杂的危险区域进行搜救时，搜救人员的生命安全与搜索效率均无法保证，种种情况造成了应急搜救行动的瓶颈，无法保证应急搜救行动的快速开展与顺利完成。

近年来，无人机被越来越多地应用于搜救行动中。2017 年 1 月，澳大利亚水上警察使用一架型号为雄鹰-3 的无人机在一个小时内搜救出两名失踪的游客[1]。2018 年 7 月 9 日，一名英国登山者在巴基斯坦布洛阿特峰与队伍走失，第二天被一架搜救无人机发现，在其他登山者的帮助下成功获救[2]。2018 年 5 月 2 日，陕西当地警方出动两架无人机，耗时约 2h，在中国太白山搜救出一名两天前失踪的学生。2019 年 2 月 5 日，一架无人机起飞后不久就发现了一名失踪的加利福尼亚州的学生，然后引导警方找到了这名学生[3]。此外，无人机还被广泛应用于 2015 年天津港爆炸、2016 年高雄地震等人道主义救援行动中。由于具有响应快速、操纵便捷、环境适应性强以及成本低廉的优势，无人机在各类应急救援行动中能够发挥积极作用。

然而，在一部分场景中，无人机还不能完全替代人的作用。例如，在搜救失踪受伤游客时，即便无人机找到了失踪者，仍需要医疗救护人员赶到现场施救；在搜捕逃犯时，即便无人机找到了逃犯，仍需要警务人员到现场将其抓获。在这些场景中，"无人机搜索到目标"只是行动中一个阶段性成果，而非最终目标。此时，如果只片面提高无人机的搜索效率，可能不仅无法优化行动目标，甚至还会起到反作用。针对这类问题，必须要制定专门的人机协同搜索策略。

根据"目标是否逃避搜索"这一关键性质，本章建立两个不同的数学模型，并提出相应的问题求解方法。针对第一类"目标不逃避搜索"的情况，提出一种针对我方失踪人员的人机协同搜索规划方法；针对第二类"目标逃避搜索"的情况，提出一种针对敌方移动目标的人机协同搜索规划方法。

6.2　针对我方失踪人员的人机协同搜索规划方法

与单纯的多无人机搜索问题不同，针对我方失踪人员的人机协同搜救不仅仅需要尽早发现失踪人员，还需要让救援人员尽早到达失踪人员位置并实施救援，这就要求同时对无人机及人工搜索队的搜索策略进行全局优化。本章建立该问题的数学模型，并提出求解该问题的一种改进的生物地理学优化（biogeography-based optimization, BBO）算法。

6.2.1　人机协同搜救我方失踪人员路径规划问题模型

1. 区域划分和搜索模式

本章提出的问题是使用 I 组人工搜索队和 J 架无人机协同合作，在一个大范围的野外区域内寻找我方失踪人员并对其进行救援。整个搜索区域分为 n 个子区域，每个子区域面积大约为 $0.5\sim2.5\mathrm{km}^2$，子区域内的地形和环境特性比较一致，而不同子区域的地形和环境特性差别较为明显，或是被河流和悬崖等障碍分隔。目标当前位置未知，但可以根据目标初始位置、各区域的地形特征等信息，估算目标在每一时刻 t 位于每个子区域 w 的概率 $p_t(w)$，其中 $0 \leqslant t \leqslant T$，$T$ 表示搜救任务所允许的最大时间。

设人工搜索队有 K_1 种搜索模式，无人机有 K_2 种搜索模式。通常，搜索越细致，所需搜索时间越长，而发现目标的概率也越大。人工搜索队 i 使用模式 k 搜索子区域 w 的搜索时间记为 $t_h(i,w,k)$；如果目标在时刻 t 时正位于子区域 w 中，其发现目标的概率记为 $p_t^h(i,w,k)$；搜索队从区域 w 移动到下一个子区域 w' 所需的时间记为 $\Delta t^h(i,w,w')$。类似地，无人机 j 使用模式 k 搜索子区域 w 的搜索时间记为 $t^u(j,w,k)$，在子区域 w 发现目标的概率记为 $p_t^u(j,w,k)$，从子区域 w 移动到子区域 w' 所需的时间记为 $\Delta t^u(i,w,w')$。

接下来介绍先验概率 $p_t(w)$ 及后验概率 $p_t^h(i,w,k)$ 和 $p_t^u(j,w,k)$ 的估计方法。

2. 先验概率估计

在对一些案例中失踪人员移动路径进行分析的基础上，提出了一种基于失踪人员信息和搜索区域信息的先验概率估计方法[4]。对于每个子区域 w，给定一个地形适宜性指数 $\beta_w \in [0,1]$，β_w 值越大，代表地形越平坦、失踪人员越容易到达。再给定一个与时间相关的气候适宜性指数 $\gamma_t \in [0,1]$，它根据 44 种天气条件（晴天、阴天、雾、轻微阴霾、严重阴霾等)、22 个温度区间(19℃以下，19～40℃的 20 个连续区间，以及 40℃以上)、24h 的组合来设置相应的值，γ_t 的值越大，代表气候条件越适宜人员活动。

时刻 $t = 0$ 时目标的初始位置(即我方失踪人员最后被发现的子区域)记为 w_0，w_0 到子区域 w 的距离记为 d_w，目标所在位置的先验概率 $p_t(w)$ 可以根据目标在时间段[0,t]内从 w_0 移动到 w 的可能性来进行估计。为了量化这种可能性，需要对目标的移动速度进行估计。首先根据目标的基本信息为其设定一个基准速度 v，例如，健康成年男性的移动速度为 5km/h，健康老年女性的移动速度为 2.55km/h。然后可根据如下函数来估计目标在[t, t+1]期间的基础平均速度 v_t (其中 t 以 h 为单位)：

$$v_t = \begin{cases} v, & t < 2 \\ 1 + v - \dfrac{1 + \exp(2.33)}{1 + \exp(3.03 - 0.35t)}, & 2 \leqslant t \leqslant 8 \\ 0.2v, & t > 8 \end{cases} \tag{6.1}$$

图 6.1 给出了基准速度为 5km/h 时目标基本速度估算函数图。随着目标的体力随着时间的推移而下降(在 3～5h 内缓慢下降，在 5～8h 内迅速下降)，目标的基础速度由 v 降至 0.2v。注意实际 8h 后目标的速度将下降到零，而后经过较长时间的休息，速度将恢复至 0.3～0.4v，然后再次下降……。但为了避免过于复杂的表达式，式(6.1)将 8h 后的平均速度统一估计为 0.2v。

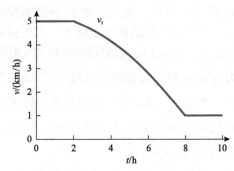

图 6.1　目标基本速度估算函数图(基准速度 v =5km/h)

根据运动生理学，体能表现还受环境条件特别是地理和天气条件的影响[4,5]。根据观察和数据分析,发现地理适宜性指数 β_w 和天气适宜性指数 γ_t 与移动速度有线性关系，从而使用下列公式来确定目标在[t, t+1]期间在子区域 w 内移动时的平均速度 $v_t(w)$：

$$v_t(w) = \beta_w \gamma_t v_t \tag{6.2}$$

式中，β_w 和 γ_t 分别表示地形和气候适宜性指数，较小的 β_w 和 γ_t 表示较差的地形和天气条件，会降低目标平均移动速度。

图 6.2 给出了基准速度为 5km/h 时，$v_t(w)$ 随着 β_w 和 γ_t 的变化而发生的变化情况。当需要一个以上的时间间隔来搜索 w 时，$v_t(w)$ 取这些时间间隔内的速度的平均值。

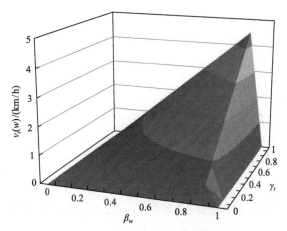

图 6.2　目标速度随地形指数和气候指数变化示意图

设目标采用上述方法计算出的平均速度从 w_0 向 w 移动，目标在时刻 t 所移动的期望距离 $d_t(w)$ 可以被估计为

$$d_t(w) = \sum_{t'=1}^{t} v_{t'}(w) \tag{6.3}$$

令 $\Delta d_t(w) = d_t(w) - d_w$（目标期望移动距离与实际物理距离的差值），该先验概率模型的基本原理可以被理解为：子区域 w 的 $\Delta d_t(w)$ 越小，且地形适宜性指数 β_w 和气候适宜性指数 γ_t 越高，目标位于该区域的先验概率越高。通过对一系列典型回归方法进行实验后，发现下列幂函数和指数函数的组合函数可以较好地拟合这一规律：

$$p_t(w) = \begin{cases} 0, & \Delta d_t(w) \leqslant -\hat{d} \\ c_1(\Delta d_t(w) + \hat{d})^{10\beta_w\gamma_t}, & -\hat{d} < \Delta d_t(w) \leqslant 0 \\ c_1 c_2 b^{(1+\Delta d_t(i) - 20\beta_w\gamma_t)}, & \Delta d_t(w) > 0 \end{cases} \tag{6.4}$$

式中，$\hat{d}$ 是一个预定义的距离阈值（代表目标移动距离的上限）；b 是一个 $(0,1)$ 范围内的基数；c_1 和 c_2 是两个调整系数，以确保函数在 $d_t(w) = 0$ 处连续，且所有子区域的先验概率之和为 1。

图 6.3 给出了 $p_t(w)$ 随 $\Delta d_t(w)$ 的变化情况。当 $\Delta d_t(w) \leqslant -\hat{d}$ 时，目标位于 w 的概率是 0，因为目标不可能在时间 t 内从 w_0 移动到 w；随着 $\Delta d_t(w)$ 的增加，概率 $p_t(w)$ 不断增大，直到 $\Delta d_t(w)=0$ 时目标位于区域 w 的概率最大；随后，$p_t(w)$ 随 $\Delta d_t(w)$ 的增加而减小，因为目标很有可能经过并离开了此区域。此外，概率也随着 β_w 和 γ_t 的增加而增加，如图 6.4 所示。

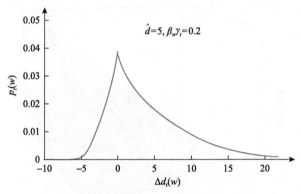

图 6.3　目标位置分布概率 $p_t(w)$ 随 $\Delta d_t(w)$ 变化示意图

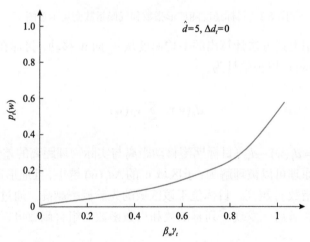

图 6.4　目标位置分布概率 $p_t(w)$ 随 $\beta_w \gamma_t$ 变化示意图

3. 后验概率估计

针对无人机搜索的后验概率 $p_t^u(j,w,k)$，先根据子区域 w 的地形特征、无人机 i 的探测能力和搜索模式预先确定一个基本的探测概率 $p_t(j,w,k)$，再确定一个指数 $\delta_t \in [0,1]$ 来表示当时天气状况对于无人机检测能力的影响（δ_t 值越大，表示可见性越好），并将后验概率计算为 $p_t^u(j,w,k)=\delta_t p_t(j,w,k)$。

人工搜索的后验概率估算方式基本类似。本章对人工搜索队只考虑两种搜索模式：$k=1$ 表示人工搜索队对子区域进行详细搜索，其发现目标的概率为 1；$k=2$ 表示该人工搜索队只是经过该子区域，其发现目标的概率小于 1（取值与子区域内的可见性相关）。

4. 决策变量和目标函数

问题的决策需要确定每个人工搜索队的搜索路线 $x_i = (a_i, k_i)$ 和每架无人机的搜索路线 $y_j = (a_j, k_j)$，其中 a_i 表示人工搜索队 i 进行搜索的子区域序列，k_i 表示在这些子区域上对应的人工搜索模式，a_j 表示无人机 j 进行搜索的子区域序列，k_j 表示在这些子区域上对应的无人机搜索模式。因此，问题的解可编码为 $z = \{x_1, x_2, \cdots, x_I, y_1, y_2, \cdots, y_J\}$。

失踪人员被找到并接受救援的期望时间（即人工搜索队到达目标的期望时间）T^* 最小化。这可分为两种情况：第一种情况是目标首先被人工搜索队在时刻 T^h 找到，那么 $T^h = T^*$；第二种情况是目标首先被无人机在时刻 T^u 找到，$T^u < T^*$，然后最近的人工搜索队用 $T^* - T^u$ 的时间赶到目标位置。

在第一种情况下，由于任何时刻同一区域只有一组人工搜索队，不同人工搜索队探测到目标的事件可以看作是互斥的，故人工搜索队在每一时刻 t 找到失踪人员的概率可用下式迭代计算：

$$P(T^h = 0) = 0 \tag{6.5}$$

$$
\begin{aligned}
&P(T^h = t) \\
&= P(T^h = t \mid T^h \geqslant t \wedge T^u \geqslant t) P(T^h \geqslant t \wedge T^u \geqslant t) \\
&= \left(\sum_{i=1}^{I} \sum_{w=1}^{n} \sum_{k=1}^{K_1} p_t(w) p_t^h(i, w, k \mid x_i(t)) \right) \cdot \left(1 - \sum_{\tau=0}^{t-1} P(T^h = \tau) \right) \left(1 - \sum_{\tau=0}^{t-1} P(T^u = \tau) \right)
\end{aligned} \tag{6.6}
$$

式中，

$$p_t^h(i, w, k \mid x_i(t)) = \begin{cases} p_t^h(i, w, k), & x_i(t) = (w, k) \\ 0, & \text{其他} \end{cases} \tag{6.7}$$

相似地，在第二种情况下，无人机在时刻 t 时探测到我方失踪人员的概率可以用如下公式计算：

$$P(T^u = 0) = 0 \tag{6.8}$$

$$P(T^u = t)$$

$$= P(T^u = t \mid T^h \geqslant t \land T^u \geqslant t)P(T^h \geqslant t \land T^u \geqslant t) \tag{6.9}$$

$$= \left(\sum_{j=1}^{J} \sum_{w=1}^{n} \sum_{k=1}^{K_2} p_t(w)p_t^u(j,w,k \mid y_j(t)) \right) \cdot \left(1 - \sum_{\tau=0}^{t-1} P(T^h = \tau) \right)\left(1 - \sum_{\tau=0}^{t-1} P(T^u = \tau) \right)$$

式中,

$$p_t^u(j,w,k \mid y_j(t)) = \begin{cases} p_t^u(j,w,k), & y_j(t) = (w,k) \\ 0, & \text{其他} \end{cases} \tag{6.10}$$

对于第二种情况,假设我方失踪人员被无人机发现后会停止移动,在原地等待人工搜索队的到来,记人工搜索队到达的时刻为 R^h ,其概率可用下式迭代计算:

$$P(R^h = 0) = 0 \tag{6.11}$$

$$P(R^h = t)$$

$$= P(R^h = t \mid T^h \geqslant t \land R^h \geqslant t)P(T^h \geqslant t \land R^h \geqslant t)$$

$$= P\left(\exists t' < t : T^u = t' \land \min_{1 \leqslant i \leqslant I} \Delta t^h(i,w,x_i(t)) = t - t' \right) \cdot P(T^h \geqslant t)P(R^h \geqslant t)$$

$$= \left(\sum_{t'=1}^{t-1} \sum_{j=1}^{J} \sum_{w=1}^{n} \sum_{k=1}^{K_2} p_{t'}(w)p_t^u(j,w,k \mid \boldsymbol{x}(t'),y_i(t')) \right) \cdot \left(1 - \sum_{\tau=0}^{t-1} P(T^h = \tau) \right)\left(1 - \sum_{\tau=0}^{t-1} P(R^h = \tau) \right)$$

$$\tag{6.12}$$

式中,

$$p_t^u(j,w,k \mid \boldsymbol{x}(t'),y_i(t')) = \begin{cases} p_t^u(j,w,k), & y_j(t') = (w,k), \quad t - t' = \min_{1 \leqslant i' \leqslant I} \Delta t^h(i,w,x_{i'}(t')) \\ 0, & \text{其他} \end{cases}$$

$$\tag{6.13}$$

合并上述两种情况,可得 $P(T^* = t) = P(T^h = t) + P(R^h = t)$ 。问题的目标函数可表示为

$$\min E(T^*) = \sum_{t=1}^{T} t \cdot (P(T^h = t) + P(R^h = t)) \tag{6.14}$$

6.2.2　基于 BBO 算法的人机协同路径规划方法

BBO 算法[6]利用生物地理学中物种迁移机制的规律对种群中的解进行优化,

优质解在迁移的过程中将自己的特征分享给种群中的劣质解，帮助劣质解提高其适应度，以达到全局寻优的目的。原始的 BBO 算法被用于解决无约束全局优化问题，通过改进可将其应用于上述人机协同搜索路径规划这一复杂的离散时间优化问题[7]。算法首先初始化一个解的种群，随后使用迁移算子不断地对种群进行进化，还使用局部搜索算子对种群中适应度较高的解进行局部搜索，从而搜索全局最优解或次优解。

1. 迁移算子的设计

根据文献[8]提出的邻域结构，定义两种迁移算子，即相邻解之间的局部迁移，以及非相邻解之间的全局迁移。后者在算法早期用于促进全局探索，前者则在算法中后期用于局增强部搜索[9]。针对人机协同搜索路径规划问题，为人工搜索队与无人机设计两种不同的迁移方式。记迁入解为 z，迁出解为 z'。如果要将 z' 中的某个人工搜索队的搜索序列 x_i' 迁入到 z 中对应序列 x_i，首先获取 x_i' 和 x_i 中子区域交集 $C(i,i')$：若交集为空，则直接将 x_i 设为 x_i'；否则随机选取 $C(i,i')$ 的一个子集，将 x_i' 中相应的子区域序列移植进 x_i，并删除 x_i 中重复的子区域。

如果要将 z' 中的某个无人机搜索序列 y_j' 迁入到 z 中对应序列 y_j，首先获取属于 y_j 但不属于 y_j' 的子区域集 $D(j,j')$，以及属于 y_j' 但不属于 y_j 的子区域集 $D(j,j')$，然后从 y_j 中随机移除 $D(j,j')$ 中的若干子区域，并随机增加 $D(j,j')$ 中的若干子区域；最后使用 NEH 算法[10]对 y_j 中的子区域序列进行重排序，使得其概率加权时间和最小。

尽管具体实现形式不同，但迁移算子的核心思想是让迁入解从迁出解中学习其特征，使优质解的特征更有可能在种群中共享。

在迁移之后，一个解可能会有一些重复搜索的子区域，对于这些子区域，使用以下策略来进行修正：

若一个子区域 w 位于多个人工搜索队的搜索路径中，记这些人工搜索队集合为 H_w，其中人工搜索队 i 搜索子区域 w 所用时间为 $t_{w,i}$，挑选其中 $p_{t_{w,i}}(w)p_t^h(i,w,k)/t_{w,i}$ 值最大的人工搜索队来进行子区域 w 的搜索，并将 w 从其余人工搜索队的路径上移除。

若一个子区域 w 位于多个无人机搜索路径中，记这些无人机集合为 U_w，其中无人机 j 搜索子区域 w 所用时间为 $t_{w,j}$，挑选其中 $p_{t_{w,j}}(w)p_t^u(j,w,k)/t_{w,j}$ 值最大的无人机来进行子区域 w 的搜索，并将 w 从其余无人机的搜索路径上移除。

如果存在未搜索的子区域，记这些子区域集合为 W_N，对其按照先验概率 $p_t(w)$ 的降序排序，依次分配给一个人工搜索队或无人机，以便尽可能早地完成全部子区域的搜索。

2. 局部搜索算子的设计

若某个子代解 z 优于其父代解，则对其单独进行一次局部搜索，将其搜索路径序列中人工搜索队/无人机在每个子区域的搜索模式 k 更改为 $k \pm 1$，这样最多产生 $2n$ 个邻域解，其中最好的解如优于 z，则用其在种群中替换 z。

3. 算法流程

该算法先初始化一个大小为 N 的种群，随机生成 $N-1$ 个解，然后将贪婪算法产生的一个潜在优质解加入到种群中，以加速算法的收敛。算法 6.1 给出了贪婪算法的伪代码，其中 U_I 是当前空闲的无人机集合，H_I 是当前空闲的人工搜索队集合，w_j 是无人机 j 当前所在位置，W_S 是被无人机 U_I 搜索的子区域集合，$W_N(i)$ 是人工搜索队所在区域的相邻子区域集合，j_w 是搜索子区域 w 的无人机，T_C 是 W_S 中的最大搜索完成时间。

算法 6.1　生成人机协同搜索问题初始解的贪婪过程

1.　令 $t=0$，$k=1$；

2.　**repeat**

3.　　**while** $|U_I|>0$ **do**

4.　　　**for each** $j \in U_I$ **do**

5.　　　　$w_j^* = \underset{w \in W}{\arg\max} \left(\dfrac{p_{t+\Delta t^u(j,w_j,w)}(w) p_t^u(j,w,k)}{\Delta t^u(j,w_j,w) + t^u(j,w,k)} \right)$；

6.　　　　$j^* = \underset{j \in U_I}{\arg\max} \left(\dfrac{p_{t+\Delta t^u(j,w_j,w^*)}(w) p_t^u(j,w_j^*,k)}{\Delta t^u(i,w_i,w_i^*) + t^u(j,w_j^*,k)} \right)$；

7.　　　分配 j^* 去搜索区域 w_j^*，从 U_I 中移除 j^*，从 W 中移除 w_j^*；

8.　　**while** $|H_I|>0$ **do**

9.　　　**for each** $i \in H_I$ **do**

10.　　　　$w_i^* = \underset{w \in W_N(i)}{\arg\max} \left(\underset{w' \in W_S}{\max} \dfrac{p_{t+\Delta t^u(i,w_{j_{w'}},w')}(w) p_t^u(j_{w'},w',k)}{\Delta t^h(i,w,w')} \right)$；

11.　　　　$i^* = \underset{i \in H_I}{\arg\max} \left(\underset{w' \in W_S}{\max} \dfrac{p_w(t+\Delta t^u(i,w_{j_w},w')) p_t^u(j_{w'},w',k)}{\Delta t^h(i,w_i^*,w')} \right)$；

12.　　　分配 i^* 去搜索区域 w_i^*，从 H_I 中移除 i^*，从 W 中移除 w_i^*；

13.　　**if** $T_C > T/(k+1)$ **then** 设 $k \leftarrow k+1$；

14.　　设 $t \leftarrow t+1$，更新无人机和人工搜索队的状态;

15.　**until** $t > T$ or $W = \varnothing$。

对于每个解 z，通过正弦迁移模型计算其迁入率 $\lambda(z)$ 和迁出率 $\mu(z)$：

$$\lambda(z) = 0.5 - 0.5\cos\left(\frac{f_{\max} - f(z) + \varepsilon}{f_{\max} - f_{\min} + \varepsilon}\pi\right) \tag{6.15}$$

$$\mu(z) = 0.5 + 0.5\cos\left(\frac{f(z) - f_{\min} + \varepsilon}{f_{\max} - f_{\min} + \varepsilon}\pi\right) \tag{6.16}$$

式中，$f_{\min}$ 和 $f_{\max}$ 分别表示种群中最差解和最优解的适应度；ε 是一个用于避免除零操作的极小正值。

算法 6.2 给出了 BBO 算法的伪代码，其中 rand 函数用于生成一个[0,1]范围内随机数，η 是一个控制局部和全局迁移率的参数，其值在进化过程中从 $\eta_{\max}$ 线性递减至 $\eta_{\min}$，$\hat{g}$ 是用于控制每个停滞解在种群中存活的最大代数。

算法 6.2　求解人机协同搜索问题的 BBO 算法

1.　随机初始化一个种群，并加入一个使用贪婪策略产生的解;

2.　**repeat**

3.　　计算解的迁移率;

4.　　**for each** 种群中的解 z **do**

5.　　　**for** $j=1$ to J **do**

6.　　　　**if** $rand() < \lambda(z)$ **then**

7.　　　　　**if** $rand() < \eta$ **then** 以 $\mu(z')$ 为概率选择一个迁出解 z';

8.　　　　　从 y'_j 迁入到 y_j;

9.　　　使用 NEH 算法重排 y_j;

10.　　　**for** $i=1$ to I **do**

11.　　　　**if** $rand() < \lambda(z)$ **then**

12.　　　　　**if** $rand() < \eta$ **then** 以 $\mu(z')$ 为概率选择一个迁出解 z';

13.　　　　　从 x'_i 迁入到 x_i;

14.　　解决子区域的重复搜索;

15.　　分配所有未搜索子区域;

16.　　**if** 迁移后的解 z 变优 **then**

17.　　　**for each** $w \in W$ **do**

18.　　对 z 执行局部搜索;

19.	**else if** 解 z 经过 $\hat{g}$ 代后没有改进 **then**
20.	将解 z 替换为一个随机产生的新解;
21.	**until** 满足终止条件;
22.	返回找到的当前最优解。

6.2.3　实验分析

1. 实验设置

为了验证求解本章问题的 BBO 算法性能，通过对文献[11]中的测试实例进行扩展得到 15 个人机协同搜索问题实例，并与以下五种算法进行对比：

(1)一种贪婪算法[12]，始终选择存在目标概率最大的未探测子区域，并将其分配给距离最近的空闲无人机，记作 Greedy 算法。

(2)一种基于部分可观察马尔可夫决策过程的启发式算法[3]，在一定时间范围内，决定每架无人机和人工搜索队的行动，以最大化期望奖励(检测概率)，记作 POMDP 算法。

(3)鸽群启发优化(pigeon-inspired optimization, PIO)算法[13]。

(4)一种蚁群学习与最小时间搜索启发式相结合的蚁群优化算法[14]，记作 ACO 算法。

(5)一种结合一组元启发式方法以最大化总体检测概率的超启发式方法[11]，记作 Hyper 算法。

上述算法最初被用于单纯的无人机搜索问题，为其分别实现两个人机协同的版本：第一个将所有人工搜索队视为速度较慢的无人机(表示为在算法名后添加一个后缀"U")，第二个使人工搜索队总是向着检测概率最高的子区域移动(表示为在算法名后添加一个后缀"F")。

对于每个实例，分别执行 500 次模拟运行，每次将一个目标随机放置在一个子区域中，根据其子区域的目标位置概率分布随机生成目标移动路线。为了公平起见，将所有方法在实例 1~6 上的最大运行时间设置为 600s，在实例 7~15 上最大运行时间设置为 900s。设所用无人机均配备 Zenmuse X5R 摄像头，其功能符合 DJI Inspire 2 规格。实验环境为一台配置为 i7-6500 2.5GHz CPU、8GB DDR4 RAM、NVIDIA Quadro M500M 显卡的电脑。

2. 实验结果统计分析

算法的性能根据以下三个指标进行评估：

(1)成功率，即目标被成功救援的次数与总运行次数之比，结果如表 6.1 所示。

表 6.1　各比较算法在针对我方失踪人员的人机协同搜索规划测试实例上的成功率（单位：%）

算法	实例 1	实例 2	实例 3	实例 4	实例 5	实例 6	实例 7	实例 8
GreedyU	100	100	100	100	93.7	100	91.52	100
GreedyF	100	100	100	100	98.89	100	97.61	100
POMDPU	100	100	100	100	100	100	96.96	100
POMDPF	100	100	100	100	100	100	100	100
PIOU	100	100	100	100	100	100	100	100
PIOF	100	100	100	100	100	100	100	100
ACOU	100	100	100	100	100	100	100	100
ACOF	100	100	100	100	100	100	100	100
HyperU	100	100	100	100	100	100	100	100
HyperF	100	100	100	100	100	100	100	100
BBO	100	100	100	100	100	100	100	100

算法	实例 9	实例 10	实例 11	实例 12	实例 13	实例 14	实例 15
GreedyU	96.8	100	75.8	100	17.8	0.6	0
GreedyF	98.6	100	98.4	100	59.4	16.8	0
POMDPU	98	100	90	100	21	0.6	0
POMDPF	99.4	100	97	100	65	18.4	0
PIOU	99.4	100	97	100	11	3.4	0.4
PIOF	100	100	99.2	100	92.6	31.4	1.6
ACOU	100	100	92.6	100	44.4	16.4	0.6
ACOF	100	100	100	100	100	26	3
HyperU	100	100	95.2	100	57.8	13.8	0
HyperF	99.8	100	100	100	99.8	47.6	2.4
BBO	100	100	100	100	100	100	98.4

（2）目标被探测到的平均时间 T_D，结果如图 6.5 所示。

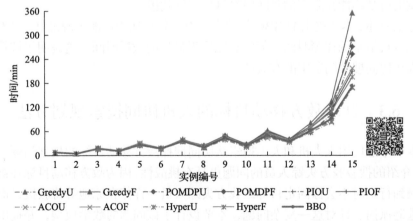

图 6.5　各比较算法在针对我方失踪人员的人机协同搜索规划测试实例上的平均探测时间(彩图请扫码)

(3) 目标得到人工救援的平均时间 T_R ，结果如图 6.6 所示。

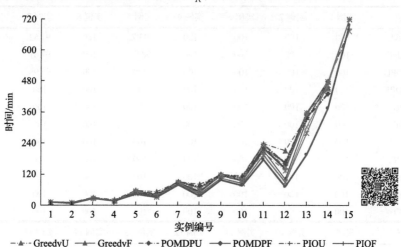

图 6.6　各比较算法在针对我方失踪人员的人机协同搜索规划测试实例上平均救援时间(彩图请扫码)

实验结果表明：

(1) 在规模较小的实例 1~4 中，所有算法都达到 100% 的成功率，平均探测时间和救援时间没有显著差异；

(2) 在规模中等的实例 5~10 中，除 Greedy 和 POMDP 算法外，其余算法都达到 100% 的成功率；BBO 算法取得的 T_D 值不是最小的，但 T_R 值总是最小的。

(3) 在剩余的大规模实例中，BBO 算法在实例 11~14 中仍能达到 100% 的成功率，在实例 15 中的成功率达 98.4%，其他大多数算法无法达到这样的成功率。特别是在实例 14 和 15 这样的很大规模的实例上，在大多数的仿真实验中其他算法提供的解都不能在限定的时间内对目标实施救援。

综上所述，本节提出的 BBO 算法在所有比较算法中性能表现最好，虽然它并不总能取得最早的探测时间，但它总能取得最早的救援时间，这说明了该算法在求解人机协同搜救问题中的有效性。

6.3　针对敌方移动目标的人机协同搜索规划方法

本节考虑使用无人机和人工搜索队协同搜捕敌方移动目标的规划问题，它比 6.2 节介绍的搜救我方失踪人员的问题更具有挑战性，因为敌方移动目标在被无人机检测到行踪时不会像固定目标或我方失踪人员一样停在原地等待救援，而是会主动逃避抓捕。针对这一复杂问题，本节设计了该问题的数学模型，并提出了一种混合进化算法进行求解[15]。

6.3.1 人机协同搜捕敌方移动目标路径规划问题模型

1. 区域划分和搜索模式

本节提出的问题是使用 I 组人工搜索队和 J 架无人机协同合作,在一个大范围的野外区域内寻找敌方移动目标并对其进行追捕。与 6.2 节中建立的模型类似,搜索区域根据地形条件被分为 n 个子区域,每个子区域 w 都有一个关于目标位于其中的先验概率 $p_w(t)$,人工搜索队的搜索时间 $t^h(i,w,k)$ 和发现目标的后验概率 $p_t^h(i,w,k)$,无人机的搜索时间 $t^u(j,w,k)$ 和发现目标的后验概率 $p_t^u(j,w,k)$,人工搜索队移动到下一个子区域 w' 所需的时间 $\Delta t^h(i,w,w')$,以及无人机移动到下一个子区域 w' 所需的时间 $\Delta t^u(j,w,w')$,其中 $0 \leqslant i \leqslant I, 0 \leqslant j \leqslant J, 0 \leqslant k_1 \leqslant K_1, 0 \leqslant k_2 \leqslant K_2$,$0 \leqslant t \leqslant T$,$K_1$ 和 K_2 分别为人工搜索队和无人机的搜索模式数量,T 为搜救任务所允许的最大时间。

2. 决策变量和目标函数

问题的决策需要确定每个人工搜索队的搜索路线 $x_i = (a_i, k_i)$ 和每架无人机的搜索路线 $y_j = (a_j, k_j)$,其中 a_i 表示人工搜索队 i 进行搜索的子区域序列,k_i 表示在这些子区域上对应的人工搜索模式,a_j 表示无人机 j 进行搜索的子区域序列,k_j 表示在这些子区域上对应的无人机搜索模式。因此,问题的解可编码为 $z = \{x_1, x_2, \cdots, x_I, y_1, y_2, \cdots, y_J\}$。

敌方目标被我方人工搜索队捕获的期望时间 T^* 最小化,和人机协同搜救我方失踪人员路径规划问题一样,也可分为两种情况:第一种情况是目标首先被人工搜索队在时刻 T^h 找到,那么 $T^h = T^*$;第二种情况是目标首先被无人机在时刻 T^u 找到,$T^u < T^*$,然后附近的人工搜索队用 $T^* - T^u$ 的时间完成抓捕。

在第一种情况下,由于任何时刻同一区域只有一组人工搜索队,不同人工搜索队发现目标的事件可以看作是互斥的,故人工搜索队在每一时刻 t 找到发现目标并直接实施抓捕的概率可用下式迭代计算:

$$P(T^h = 0) = 0$$

$$\begin{aligned}
&P(T^h = t) \\
&= P(T^h = t \mid T^h \geqslant t \wedge T^u \geqslant t) P(T^h \geqslant t \wedge T^u \geqslant t) \\
&= \left(\sum_{i=1}^{I} \sum_{w=1}^{n} \sum_{k=1}^{K_1} p_t(w) p_t^h(i,w,k \mid x_i(t)) \right) \cdot \left(1 - \sum_{\tau=0}^{t-1} P(T^h = \tau) \right) \left(1 - \sum_{\tau=0}^{t-1} P(T^u = \tau) \right)
\end{aligned}$$

式中，

$$p_t^h(i,w,k \mid x_i(t)) = \begin{cases} p_t^h(i,w,k), & x_i(t) = (w,k) \\ 0, & \text{其他} \end{cases}$$

类似地，在第二种情况下，无人机在时刻 t 时发现目标的概率可用下式迭代计算：

$$P(T^u = 0) = 0$$

$$
\begin{aligned}
&P(T^u = t) \\
&= P(T^u = t \mid T^h \geqslant t \wedge T^u \geqslant t)P(T^h \geqslant t \wedge T^u \geqslant t) \\
&= \left(\sum_{j=1}^{J} \sum_{w=1}^{n} \sum_{k=1}^{K_2} p_t(w) p_t^u(j,w,k \mid y_j(t)) \right) \cdot \left(1 - \sum_{\tau=0}^{t-1} P(T^h = \tau) \right) \left(1 - \sum_{\tau=0}^{t-1} P(T^u = \tau) \right)
\end{aligned}
$$

式中，

$$p_t^u(j,w,k \mid y_j(t)) = \begin{cases} p_t^u(j,w,k), & y_j(t) = (w,k) \\ 0, & \text{其他} \end{cases}$$

对于第二种情况，无人机发现目标后持续进行追踪，在此期间实时向人工搜索队报告其位置。先假设目标被发现时位于一片开阔区域，人工搜索队 i 最大移动速度 $v_i^{\max}$ 大于目标最大移动速度 $v_e^{\max}$，则人工搜索队 i 抓捕到目标的附加时间 Δt_i 取决于二者之间的距离和速度差：

$$\Delta t_i = d(a_i(t_u^*), a^*) / (v_i^{\max} - v_e^{\max}) \tag{6.17}$$

其他场景下也可以估算相应的 Δt_i。例如，目标被发现时位于一个有多条狭窄通道的区域，可先计算出在每条逃跑路线上的抓捕时间，然后将 Δt_i 计算为这些抓捕时间的平均值。

敌方移动目标先被无人机检测到，然后人工搜索队对其实施抓捕，其时刻 R^h 可以被计算为

$$R^h = T^u + \min_{1 \leqslant i \leqslant I} \Delta t_i \tag{6.18}$$

因此，目标在时刻 T^u 首先被无人机发现，而后在时刻 R^h 被人工搜索队抓捕的概率可用下式迭代计算：

$$P(R^h = 0) = 0$$

$$P(R^h = t)$$
$$= P(R^h = t \mid T^h \geqslant t \wedge R^h \geqslant t)P(T^h \geqslant t \wedge R^h \geqslant t)$$
$$= P\left(\exists t' < t : T^u = t' \wedge \min_{1 \leqslant i \leqslant I} \Delta t^h(i, w, x_i(t)) = t - t'\right) \cdot P(T^h \geqslant t)P(R^h \geqslant t)$$
$$= \left(\sum_{t'=1}^{t-1} \sum_{j=1}^{J} \sum_{w=1}^{n} \sum_{k=1}^{K_2} p_{t'}(w) p_t^u(j, w, k \mid \boldsymbol{x}(t'), y_i(t'))\right) \cdot \left(1 - \sum_{\tau=0}^{t-1} P(T^h = \tau)\right)\left(1 - \sum_{\tau=0}^{t-1} P(R^h = \tau)\right)$$

式中，

$$p_t^u(j, w, k \mid \boldsymbol{x}(t'), y_i(t')) = \begin{cases} p_t^u(j, w, k), & y_j(t') = (w, k), \ \ t - t' = \min_{1 \leqslant i \leqslant I} \Delta t_i \\ 0, & \text{其他} \end{cases} \tag{6.19}$$

合并上述两种情况，可得 $P(T^* = t) = P(T^h = t) + P(R^h = t)$。问题的目标函数可表示为

$$\min E(T^*) = \sum_{t=1}^{T} t \cdot (P(T^h = t) + P(R^h = t)) \tag{6.20}$$

6.3.2 基于混合进化算法的人机协同路径规划方法

本节提出一种混合进化算法来对上述这一复杂的离散优化问题进行求解，它融合了自适应变异算子、综合学习迁移算子和局部搜索算子来平衡算法的全局搜索能力和局部探索能力，使算法在早期可以对解空间进行充分探索，在后期可以快速收敛。

1. 变异算子的设计

算子为种群中的每个解 z 赋予一个变异率 $\mu(z)$，它类似于 WWO 算法的波长计算[16]，初始值均为 0.5，在每次迭代后根据适应度 $f(z)$ 进行更新：

$$\mu(z) = \mu(z) \cdot \alpha^{-(f_{\max} - f(z) + \varepsilon)/(f_{\max} - f_{\min} + \varepsilon)} \tag{6.21}$$

变异操作的过程也类似于 WWO 算法的传播操作，它以 $\mu(z)$ 为概率选取一些人工搜索队和无人机的搜索区域，并对这些区域进行重分配。较优解的变异率更小，侧重于局部搜索以提高精度；较差解的变异率更大，倾向于全局探索以提高多样性。总体的变异率随着迭代次数的增加而减小，使算法早期侧重于全局搜索、后期加强局部搜索。算法 6.3 给出了变异操作的伪代码。

算法 6.3　混合进化算法的变异算子操作

1. 初始化一个空集 S_f;

2. **for** i=1 to I **do**

3. 　**if** rand$()< \mu(z)$ **then** $S_f = S_f \cup x_i$;

4. **for** j=1 to J **do**

5. 　**if** rand$()< \mu(z)$ **then** $S_f = S_f \cup y_j$;

6. 将 S_f 中的子区域随机分配给无人机和人工搜索队。

2. 算法流程

该算法先初始化一个大小为 N 的种群, 其中包含 $N-2$ 个随机解, 以及两个采用贪婪策略生成的解。其中, 第一种贪婪策略是优先搜索目标发现概率与搜索时间比值最大的子区域, 详见算法 6.1。第二种贪婪策略是首先使无人机优先搜索目标发现概率与搜索时间比值最大的子区域, 然后使人工搜索队也向着这些子区域移动, 其过程见算法 6.4, 其中 U_I 表示当前空闲的无人机集合, H_I 表示当前空闲的人工搜索队集合, w_j 是无人机 j 当前所在位置, W_S 是 U_I 搜索的子区域集合。

算法 6.4　生成人机协同搜索问题初始解的第二种贪婪过程

1. 令 $t = 0$, 初始化一个空集 U_I;

2. **repeat**

3. 　**while** $|U_I|>0$ **do**

4. 　　**for each** $j \in U_I$ **do**

5. 　　　$w_j^* = \underset{w \in W}{\arg\max} \left(\dfrac{p_{t+\Delta t^u(j,w_j,w)}(w) p_t^u(j,w,k)}{\Delta t^u(j,w_j,w) + t^u(j,w,k)} \right)$;

6. 　　　$j^* = \underset{j \in U_I}{\arg\max} \left(\dfrac{p_{t+\Delta t^u(j,w_j,w^*)}(w) p_t^u(j,w_j^*,k)}{\Delta t^u(i,w_i,w_i^*) + t^u(j,w_j^*,k)} \right)$;

7. 　　分配 j^* 去搜索区域 w_j^*, 从 U_I 中移除 j^*, 从 W 中移除 w_j^*;

8. 　**while** $|H_I|>0$ **and** $|W_S|>0$ **do**

9. 　　**for each** $w \in W_S$ **do**

10. 　　选择一个离区域 w 最近的人工搜索队 i, 并且使 i 向 w 方向移动;

11. 　　从 H_I 移除 i, 从 W 移除 w;

12. 　设 $t \leftarrow t+1$, 更新无人机和人工搜索队的状态;

13. **until** $t > T$ **or** $W = \varnothing$。

算法 6.5 给出了混合进化算法的伪代码，其中局部搜索过程和搜索序列的迁移过程和 6.2 节中的算法类似。

算法 6.5 求解人机协同搜捕问题的混合进化算法

1. 随机初始化一个种群，并加入两个使用贪婪策略产生的解；

2. **repeat**

3. 　　计算解的迁移率；

4. 　　**for each** 种群中的解 z **do**

5. 　　　使用算法 6.3 对解 z 进行变异；

6. 　　　　**if** 变异后的解 z 有改进 **then**

7. 　　　　　**if** 解 z 优于种群中一半的解 **then** 对 z 执行局部搜索；

8. 　　　　　从 y_j' 迁入到 y_j；

9. 　　　　**else**

10. 　　　　　**for** $i=1$ to $I+J$ **do**

11. 　　　　　　**if** rand() $< \lambda(z)$ **then**

12. 　　　　　　　基于适应度值选择一个迁出解 z'；

13. 　　　　　　　从 x_i' 迁入到 x_i 或从 y_j' 迁入到 y_j；

14. 　　　　**if** 解 z 经过 $\hat{g}$ 代后没有改进 **then**

15. 　　　　　将 z 重置为一个随机解；

16. **until** 满足终止条件；

17. 返回找到的当前最优解。

6.3.3　实验分析

1. 实验设置

为了验证算法性能，基于五个实际野外场地构建了 20 个人机协同搜捕敌方目标问题实例，它们使用了不同数量的无人机和人工搜索队，并预设了行动的不同时间段。实例基本设置见表 6.2，其中 T_a 为领域专家估计的悲观捕获时间，如果实际捕获时间晚于该时间，则认为该算法效率太低。

本节所提混合进化算法记作 HEA，与 13 种算法进行对比。比较算法分为两组，第一组包括以下七种进化算法，用于与 HEA 取得的最佳解的目标

表 **6.2** 人机协同搜捕敌方目标问题测试实例

实例编号	n	搜索面积/km^2	I	J	K_1	K_2	t_0	T/min	T_e/min
1	18	9.1	2	2	2	4	10:00	120	90
2	18	9.1	2	2	2	4	23:30	120	120
3	18	9.1	4	3	2	4	10:00	90	60
4	18	9.1	4	3	2	4	23:30	90	90
5	32	21.2	3	2	2	4	10:00	180	120
6	32	21.2	3	2	2	4	23:30	180	180
7	32	21.2	4	3	3	4	10:00	180	105
8	32	21.2	4	3	3	4	23:30	180	150
9	56	64.6	4	3	2	4	10:00	480	300
10	56	64.6	4	3	2	4	23:30	480	480
11	56	64.6	7	3	3	4	10:00	360	240
12	56	64.6	7	3	3	4	23:30	360	360
13	83	185.0	7	3	2	4	10:00	900	600
14	83	185.0	7	3	2	4	23:30	900	900
15	83	185.0	10	5	3	4	10:00	720	480
16	83	185.0	10	5	3	4	23:30	720	600
17	178	569.8	11	4	3	4	10:00	1440	900
18	178	569.8	11	4	3	4	23:30	1440	1200
19	178	569.8	16	6	3	4	10:00	1200	720
20	178	569.8	16	6	3	4	23:30	1200	900

函数值(即预期捕获时间)进行比较。

(1)一种使用轮盘选择、双亲交叉和简单变异算子的遗传算法(GA);

(2)一种将遗传算法与本章介绍的局部搜索算子相结合的模因算法,记作 Mem 算法;

(3)基本 PSO 算法应用于本问题,其中每个解向历史最佳和全局最佳解的学习按照 6.3.2 节中的学习策略执行;

(4)一种采用全面学习策略的改进 PSO 算法[17],其中每个解从不同的维度向其他多个解学习,记作 CLPSO 算法;

(5)基本 BBO 算法应用于本问题,迁移学习策略与 6.3.2 节中相同;

(6)基本 WWO 算法应用于本问题,其中碎浪操作采用本章介绍的局部搜索算子;

(7)蚁群学习与最小时间搜索启发式相结合的 ACO 算法[14]。

第二组包括以下六种常见的无人机搜索算法,用于在仿真试验中与 HEA 取得的捕获时间进行比较。

(1) 贪婪算法 Greedy[12];

(2) 一种将贪婪搜索和轮廓搜索相结合的混合算法[18],记作 ConGreedy 算法;

(3) 基于部分可观察马尔可夫决策过程的启发式算法,记作 POMDP 算法[3];

(4) 鸽群启发优化(PIO)算法[19],它通过模仿鸽群的归巢特性来提高目标发现概率;

(5) 结合了一组元启发式方法的超启发式算法,记作 HypHeu 算法[11];

(6) 一种基于高斯混合模型和滚动时域控制的算法,它根据子区域的高斯分量进行分层优先排序,然后分配给无人机和人工搜索队,使预期收益最大化[20],记作 RHC 算法。

由于上述六种对比算法都是用于解决单纯的无人机搜索问题,将其应用到人机协同搜索问题中时,将所有人工搜索队和无人机视为同样的搜索单元;无人机发现目标后,使所有人工搜索队都向目标所在区域进行移动。

为公平起见,第一组对比算法的终止条件均设为目标函数估值次数达到50000 次,且在测试实例上对所有算法进行参数了调优;在每个测试实例上,每种进化算法使用不同的随机种子模拟运行 30 次,并记录其平均值。对于第二组对比算法,在每个问题实例上进行了 1000 次模拟运行,每一次都根据概率分布模拟敌方移动目标的逃跑路线,并根据算法产生的解计算出目标被发现和捕获的时间。对于具有随机性的进化算法,将每种方法运行 10 次,并计算 10 次运行的平均抓捕时间。实验环境与 6.2.3 节中的环境相同。

2. 实验结果统计分析

表 6.3 给出了第一组对比算法和 HEA 在测试实例上的预期抓捕时间的平均值。在每个实例上,最小平均值加粗显示;每种对比算法的结果与 HEA 的结果进行 Wilcoxon 秩和检验,在平均值前通过上标 + 表示二者的结果有显著差异(即HEA 明显优于该比较算法)。

表 6.3　第一组算法在人机协同搜捕敌方目标问题测试实例上的预期抓捕时间均值　　　　　　　　　　(单位:min)

实例编号	GA	Mem	PSO	CLPSO	BBO	WWO	ACO	HEA
1	+52.30	50.75	+51.55	50.20	+52.13	50.53	50.42	**50.10**
2	+85.90	82.00	+84.78	+83.18	+84.42	**81.82**	+83.05	81.93
3	+40.47	+38.64	+41.18	38.20	+39.60	38.82	37.98	**37.95**
4	+64.75	+63.35	+67.38	+60.13	+63.20	+60.50	58.78	**58.42**
5	+78.60	74.83	+77.35	+75.35	+76.80	75.08	74.48	**74.13**
6	+135.00	+124.95	+133.28	+129.52	+130.33	+125.65	124.17	**122.97**
7	+60.10	+57.25	+61.05	57.03	+58.63	56.75	+59.02	**56.07**
8	+91.08	+87.58	+89.92	+86.95	+88.40	+86.10	+85.28	**84.33**

实例编号	GA	Mem	PSO	CLPSO	BBO	WWO	ACO	HEA
9	+138.98	+123.97	+147.18	+118.48	+126.83	+115.58	+115.12	**111.65**
10	+309.37	+286.08	+297.55	+278.50	+280.25	+275.42	+268.53	**260.32**
11	+59.52	+54.80	+59.78	+55.42	+56.37	+55.88	+53.65	**52.18**
12	+120.22	+103.77	+113.22	+96.90	+105.45	+97.80	+93.87	**89.43**
13	+287.32	+262.83	+284.62	+266.27	+271.52	+254.20	+260.15	**247.30**
14	+616.42	+559.80	+573.50	+532.30	+542.42	+506.23	+512.85	**491.40**
15	+130.92	+117.23	+127.77	+112.63	+121.37	+111.05	+113.58	**100.48**
16	+251.08	+216.80	+231.78	+202.93	+219.48	+194.85	+205.43	**188.98**
17	+772.53	+638.40	+693.33	+611.42	+583.30	+563.85	+608.40	**518.45**
18	+937.25	+735.43	+779.85	+702.75	+751.00	+690.15	+724.45	**578.45**
19	+431.45	+326.37	+360.52	+298.47	+335.60	+275.18	+321.62	**239.25**
20	+520.33	+433.60	+457.28	+396.70	+402.83	+375.50	+411.13	**319.65**

实验结果表明，除实例 2 外，HEA 在 19 个实例中均取得最小平均值。在规模最小的实例 1 中，HEA 的性能显著优于 GA、PSO 和 BBO 算法，但与 Mem、CLPSO、WWO 和 ACO 算法没有显著差异。随着问题实例规模的增加，HEA 相对于其他进化算法的性能优势越来越明显。在实例 8～20 中，HEA 的结果明显优于所有其他进化算法。据统计，HEA 在所有实例上的性能明显优于 GA、PSO 和 BBO 算法，在 17 个实例上优于 Mem 和 CLPSO 算法，在 15 个实例上优于 WWO 和 ACO 算法。这验证了 HEA 与其他常用进化算法相比的明显性能优势。

相比之下，在八种进化算法中，GA 和 PSO 算法的性能最差，因为传统遗传算法的交叉算子或粒子群优化算法的学习算子演化出的种群很容易陷入局部最优。相对于 GA，Mem 算法实现了显著的性能改进，证明了局部搜索算子对提高求解精度具有明显作用。类似地，CLPSO 算法比 PSO 算法表现出更好的性能，这表明从不同维度的不同范例中学习特征比只从全局最佳和历史最佳中学习要有效得多。BBO 算法的性能好于 PSO 算法，但差于 CLPSO 算法，这表明从 BBO 算法中使用的从所有解中学习策略的效率低于 CLPSO 算法中使用的从最好的一半解中学习策略的效率。在 7 种对比算法中，CLPSO、WWO 和 ACO 算法表现出较好的性能。可以看出，ACO 算法在小规模实例上的性能较好，但在大规模实例上的性能明显下降，说明 ACO 算法在局部搜索上的性能较好，而不擅长全局探索。WWO 的高效主要得益于：一方面，能够很好地平衡全局探索与局部搜索的变异算子；另一方面，能够有效提高求解精度的局部搜索算子。与 WWO 算法相比，HEA 通过进一步将变异和局部搜索相结合的综合学习策略，取得了更为显著的性能提升。综上所述，实验结果证明了针对该问题设计的 HEA 的有效性和高效性。

接下来，对第二组中的六种对比算法，第一组实验结果中表现较好的 CLPSO、WWO 和 ACO 以及 HEA 这四种进化算法进行了仿真实验。算法性能根据成功率

（即目标被捕获的次数与总运行次数之比）、平均发现时间 T_D、平均抓捕时间 T_C 三个指标来进行评估。图 6.7 和图 6.8 分别给出了各算法取得的平均发现时间和平均抓捕时间的比较结果，可以看出，贪婪算法几乎在所有实例上都取得了最大的 T_D 和 T_C 值，这说明贪婪策略不能产生高质量的解来解决这个复杂的全局优化问题。在小、中等规模的实例中，其他五种无人机搜索方法的 T_D 值一般小于或近似等于四种进化算法的 T_D 值，但四种进化算法的 T_C 值小于其他无人机搜索方法的 T_C 值，这说明追求发现目标时间最小化的无人机搜索方法不符合优化捕获时间。在大型实例上，ConGreedy、POMDP 和 RHC 算法的搜索性能明显下降，而 PIO 和 HypHeu 算法仍然可以获得类似 CLPSO、WWO 和 ACO 算法的 T_D 值。然而，进化算法的 T_C 值远远小于其他无人机搜索方法。特别地，所提出的 HEA 不仅在大型实例上获得了最短的平均发现时间，而且还获得了最短的平均抓捕时间，这证明了其进化算子在搜索庞大解空间时的高效率。

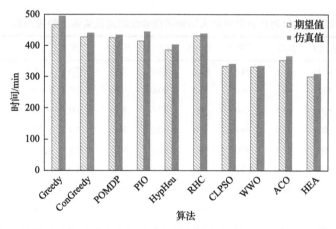

图 6.7　各比较算法在针对敌方目标的人机协同搜索规划测试实例上的平均探测时间

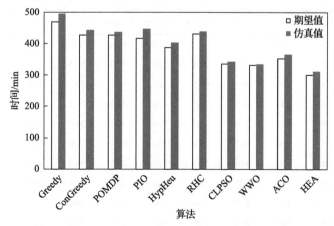

图 6.8　各比较算法在针对敌方目标的人机协同搜索规划测试实例上的平均捕获时间

此外，CLPSO、WWO、ACO 和 HEA 这四种进化算法取得的 T_D 与 T_C 的比值通常为 70%～80%，而其他无人机搜索方法的 T_D 与 T_C 的比值在中小型实例中为 50%～60%，在大型实例中为 40%～50%。这进一步说明，追求尽早发现目标未必对尽早捕获目标有帮助，前者往往会将人工搜索队调度到与无人机较远的区域以扩散搜索，这会导致无人机发现目标后，人工搜索队需要很长的时间赶来追捕。

表 6.4 给出了十种算法在测试实例上的成功率。可以看出，Greedy 算法的总体成功率为 72.8%，是所有算法中最低的。其他五种无人机搜索方法的总体成功率也低于 90%，特别是 Greedy、ConGreedy 和 POMDP 算法，它们产生的解几乎没有在最后四个大型实例上获得成功。相反，除了 CLPSO 算法的解偶尔会在实例 2、6 和 17 上失败外，四种进化算法的总体成功率总是 100%。结果进一步证明，针对这一优化问题提出的进化算法可以有效地生成搜索和捕获罪犯的路径规划方案。

表 6.4　各比较算法在针对敌方目标的人机协同搜索规划测试实例上的成功率（单位：%）

算法	实例 1	实例 2	实例 3	实例 4	实例 5	实例 6	实例 7	实例 8	实例 9	实例 10
Greedy	100	88.7	94.5	92.6	84.0	78.3	97.6	92.3	100	98.2
ConGreedy	100	93.1	98.0	99.5	90.0	92.6	100	100	100	100
POMDP	100	98.7	100	100	97.6	88.0	100	100	100	99.5
PIO	100	92.2	99.8	100	92.0	89.0	99.7	100	100	100
HypHeu	100	97.5	100	100	98.8	95.7	100	100	100	100
RHC	100	90.9	97.7	100	97.9	90.2	100	100	100	100
CLPSO	100	99.3	100	100	100	99.6	100	100	100	100
WWO	100	100	100	100	100	100	100	100	100	100
ACO	100	100	100	100	100	100	100	100	100	100
HEA	100	100	100	100	100	100	100	100	100	100

算法	实例 11	实例 12	实例 13	实例 14	实例 15	实例 16	实例 17	实例 18	实例 19	实例 20
Greedy	100	100	79.1	51.5	100	94.6	1.2	0.0	3.6	0.0
ConGreedy	100	100	95.9	96.4	100	99.7	17.5	6.4	11.8	8.1
POMDP	100	100	91.0	90.1	100	99.1	10.1	0.5	5.5	3.7
PIO	100	100	99.5	100	100	100	29.5	8.7	47.3	47.7
HypHeu	100	100	100	100	100	100	33.0	10.3	67.6	55.6
RHC	100	100	96.7	99.4	100	99.9	2.8	2.0	42.8	32.0
CLPSO	100	100	100	100	100	100	99.8	100	100	100
WWO	100	100	100	100	100	100	100	100	100	100
ACO	100	100	100	100	100	100	100	100	100	100
HEA	100	100	100	100	100	100	100	100	100	100

6.4　本章小结

由于综合了人和无人机的各自优势，人机协同优化搜索能显著提高搜索效率和执行能力，被广泛应用于各类搜索任务中。本章区分搜索"目标是否逃避搜索"，分别介绍针对我方失踪人员的人机协同搜索规划方法和针对敌方移动目标的人机协同规划方法，构建相应的问题模型，提出规划方法，实验结果验证了模型和求解方法的有效性。

参 考 文 献

[1] Morcombe J. Tourists rescued at Ku-ring-gai chase national park after flashing a torch at drone[EB/OL]. https://www.dailytelegraph.com.au/newslocal/4fb279161f7a08ae776231498afaca6d. [2020-03-26].

[2] Chang J. China-made drone helps locate missing Calif. teen[EB/OL]. http://www.chinadaily.com.cn/a/201902/25/WS5c7409a4a3106c65c34eb51e.html. [2020-03-26].

[3] Murphy R, Tadokoro S, Kleiner A. Search and Rescue Robotics[M]. Berlin: Springer, 2014.

[4] Du Y C, Zhang M X, Ling H F, et al. Evolutionary planning of multi-UAV search for missing tourists[J]. IEEE Access, 2019, 7: 73480-73492.

[5] Myers D C, Gebhardt D L, Crump C E, et al. The dimensions of human physical performance: Factor analysis of strength, stamina, flexibility, and body composition measures[J]. Human Performance, 1993, 6(4): 309-344.

[6] Simon D. Biogeography-based optimization[J]. IEEE Transactions on Evolutionary Computation, 2009, 12(6): 702-713.

[7] Zheng Y J, Du Y C, Sheng W G, et al. Collaborative human-UAV search and rescue for missing tourists in nature reserves[J]. Journal on Applied Analytics, 2019, 49(5): 371-383.

[8] Zheng Y J, Ling H F, Wu X B, et al. Localized biogeography-based optimization[J]. Soft Computing, 2014, 18(11): 2323-2334.

[9] Zheng Y J, Ling H F, Xue J Y. Ecogeography-based optimization: Enhancing biogeography-based optimization with ecogeographic barriers and differentiations[J]. Computers & Operations Research, 2014, 50: 115-127.

[10] Nawaz M, Enscore Jr E E, Ham I. A heuristic algorithm for the *m*-machine, *n*-job flow-shop sequencing problem[J]. Omega, 1983, 11(1): 91-95.

[11] Wang Y, Zhang M X, Zheng Y J. A hyper-heuristic method for UAV search planning[C]. International Conference on Swarm Intelligence, Cham, 2017: 454-464.

[12] El-Hady Kassem M A, Allah El-Hadidy M A. Optimal multiplicative Bayesian search for a lost target[J]. Applied Mathematics & Computation, 2014, 247: 795-802.

[13] Duan H, Li P. Bio-inspired Computation in Unmanned Aerial Vehicles[M]. Berlin: Springer, 2014.

[14] Perez-Carabaza S, Besada-Portas E, Lopez-Orozco J A, et al. Ant colony optimization for multi-UAV minimum time search in uncertain domains[J]. Applied Soft Computing, 2018, 62: 789-806.

[15] Zheng Y J, Du Y C, Ling H F, et al. Evolutionary collaborative human-UAV search for escaped criminals[J]. IEEE Transactions on Evolutionary Computation, 2020, 24(2): 217-231.

[16] Zheng Y J. Water wave optimization: A new nature-inspired metaheuristic[J]. Computers & Operations Research, 2015, 55: 1-11.

[17] Liang J J, Qin A K, Suganthan P N, et al. Comprehensive learning particle swarm optimizer for global optimization of multimodal functions[J]. IEEE Transactions on Evolutionary Computation, 2006, 10(3): 280-295.

[18] Hansen S, McLain T, Goodrich M. Probabilistic searching using a small unmanned aerial vehicle[C]. AIAA Infotech@Aerospace Conference and Exhibit, Rohnert Park, 2007: 2740.

[19] Li C, Duan H. Target detection approach for UAVs via improved pigeon-inspired optimization and edge potential function[J]. Aerospace Science & Technology, 2014, 39: 352-360.

[20] Yao P, Wang H, Ji H. Gaussian mixture model and receding horizon control for multiple UAV search in complex environment[J]. Nonlinear Dynamics, 2017, 88(2): 1-17.

第7章　多无人机协同察打

运用无人机遂行察打任务是未来无人化作战的一个重要方向，可以利用空中侦察能力对战场区域进行快速搜索，同时也可以发挥空中机动优势对地面目标进行火力打击。多无人机协同察打是指多无人机协同搜索目标并进行直接打击，通常由多架同构的察打一体无人机来完成，有时也可以由侦察无人机和攻击无人机等异构无人机共同完成[1]。本章考虑简单先验环境和复杂不确定环境，分析常见的多无人机协同察打任务规划问题。

7.1　概　　述

军用无人机可以用来执行各种任务，如侦察、监视、攻击、拦截等，其中最典型的是侦察无人机、攻击无人机及察打一体无人机。侦察无人机几乎不受天气和昼夜的影响，无论是白天还是晚上，都能潜入到目标上空进行侦察，为军队的作战指挥中心提供准确的目标信息，以便及时掌握战场情况，制定作战计划。攻击无人机一般包括无人战斗机、无人轰炸机等，其主要使命是攻击和摧毁敌方目标。察打一体无人机主要实施战术战役级的监视侦察和目标定位，并在必要时利用自带武器攻击敌方目标。

在协同察打任务模式下，首先需要具有侦察能力的无人机根据初步情报描述，对指定任务区域进行协同搜索；当发现可疑目标后，需要使用机载侦察设备对可疑目标进行定位、识别和判断；在确认目标特性并接到攻击指令后，则可以对目标实施打击，有时还会继续使用传感器对打击效果进行评估；随后，无人机会对其他区域进行搜索，直至完成任务区域的侦察打击或接到返回指令后返航。多无人机执行协同察打任务通常可以描述为"搜索-发现-打击"的持续过程，其任务的有效执行一般与侦察搜索和目标打击这两个方面密切相关。

多无人机协同察打面临的环境条件和目标情况可能存在较大的差异。一般而言，战场环境分为简单的先验环境和复杂的不确定环境，需要打击的目标则可能是各种类型的时敏目标。时敏目标通常是指大概位置有已知信息但出现时间未知的目标，可以是静态目标(如隐藏的雷达站等)，也可以是动态目标(如躲在树林深处或山洞内的车辆等)。

对于比较简单的先验环境条件，目标概率分布往往会按照一定规律变化。多架无人机一般只需要依据常规的团队理论来进行协同，在无人机之间不通信、传感器距离有限的情况下，也可以有效地给无人机分配目标，表现出较好的协同效果[2,3]。

对于比较复杂的战场环境条件，即使是对于同样的时敏目标(例如行驶中的车辆)，根据时间、空间和敌我态势的不同，对执行任务的无人机也会有不同的要求。此时的战场条件为不确定环境且可能存在威胁，时敏目标也需要根据不同的初始位置、运动速度条件等分为多种类型。上述情形下的无人机协同察打问题往往需要建立复杂优化模型，也需要运用计算智能理论来设计求解算法[4,5]。

综上所述，多无人机协同察打的任务情形一般可以依据环境的复杂程度进行分类，并由此研究不同的多无人机协同方法[6]。在简单先验环境下，无人机之间一般不需要实时通信，考虑到传感器距离有限，多无人机协同察打任务往往可以采用分布贪心机制，每架无人机都只需依据单步贪心策略运动。在复杂战场环境下，为了不失一般性，通常需要假设执行察打任务的无人机也具有较多的运动约束。考虑到任务的复杂性，此时的多无人机协同察打需要建立复杂的通信机制和优化模型，并引入启发式智能算法进行求解。下面分别给出面向简单先验环境和复杂不确定环境的建模方法，并对相关的多无人机协同察打问题进行具体论述。

7.2　面向简单先验环境的无人机协同察打

对有先验概率分布的任务区域进行协同察打，其任务规划过程主要在于充分利用目标概率分布图，通过实时更新的概率信息来实现动态寻优，最终发现运动目标并进行打击。鉴于无人机对于具体目标的远距感知和近距确认范围都是有限的，且无人机本身的运动速度也有限，一般只需要在规定的每个步长内做出优化决策，常见的分布式的单步贪心策略无疑是一种很好的规划决策方法[7]。本节建立基于目标概率更新的环境模型，并引入合理的贪心机制，提出了多无人机规划方法，以此来较好地实现简单先验环境下的无人机协同察打。

7.2.1　面向简单先验环境的无人机协同察打环境模型

无人机察打任务规划对应的战场区域往往可以建立为某种类型的搜索图模型，对于已知一定目标概率信息的简单先验环境条件，可以将无人机需要执行察打任务的整个环境区域近似等价为目标概率分布图和环境搜索状态图[8]。

目标概率分布图代表了目标可能出现位置的分布情况，它主要与先验概率信息、目标实时位置和无人机运动位置相关。在察打任务执行过程中，需要根据无人机和目标的运动情况实时更新目标概率分布图。

环境搜索状态图则表征了某一时刻某一网格是否已被无人机搜索。例如，状态值为 0 表示该网格未被无人机搜索，状态值为 1 表示已有无人机搜索过该网格。

当存在需要无人机反复搜索的场景时，可以用无人机搜索该区域的次数确定状态值。在察打任务执行过程中，需要根据无人机对各网格的访问情况实时更新环境搜索状态图。

7.2.2　基于分布式贪心算法的协同察打规划

针对上述情形的环境模型，需要依据目标概率分布图和环境搜索状态图来遂行察打任务，下面给出一种多无人机协同察打的规划方法。

1. 相关假设

假设无人机遂行任务的环境区域可以被划分为 $m×n$ 个网格，不同无人机的出发位置不同，目标初始位置随机，且可能分布在环境区域中的任意网格，即初始条件包括无人机及目标的初始位置，并给出了每个网格对应的目标概率初始分布值，如图 7.1 所示。

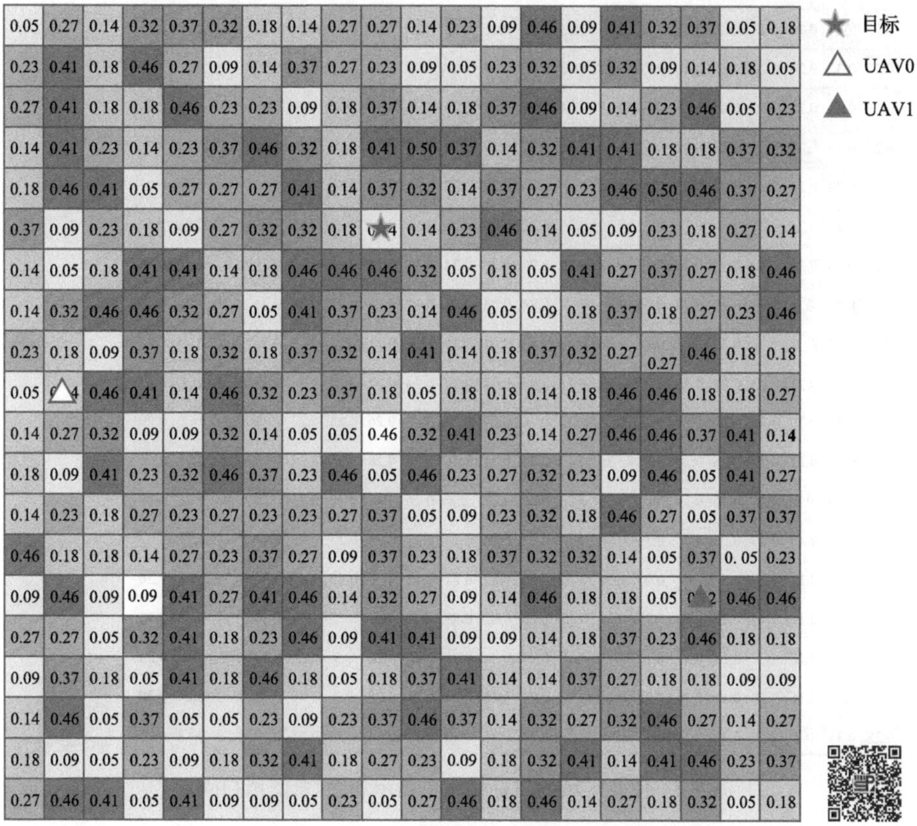

图 7.1　任务环境的初始化(彩图请扫码)

假设无人机从初始位置开始察打任务后，在每一步长内，只会运动至直接相邻的领域网格，并完成搜索任务。对于运动目标，其每步也只能随机游走(walk)一格。当无人机和目标在同一网格时，则针对该目标的搜索打击任务完成。

对于任务区域环境中的目标概率分布图，进一步假设其更新机制主要受到如下因素的影响：一是与目标相关的"扩散"(spread)更新，即随着时间推移，目标在不断移动，假定目标位置所在网格的概率值会以目标位置为中心，均匀扩散至其周围网格，由此引起概率分布的变化；二是"转移"(transfer)更新，即无人机运动到某个网格时，如果没有发现目标，则认为该网格的概率值会变为0，根据贝叶斯定律，其他周边网格的概率也应随之变动，假定网格的原有概率值将转移至相邻网格，且转移情况与相邻网格被访问过的次数相关，由此影响概率分布情况。

图 7.2 为任务区域的目标概率更新示意图(图中的概率值放大了 100 倍)。由于目标的不断运动，会引起周围概率分布的变化；无人机所处网格的目标概率值则会清零并转移至相邻网格，从而也会改变概率分布。

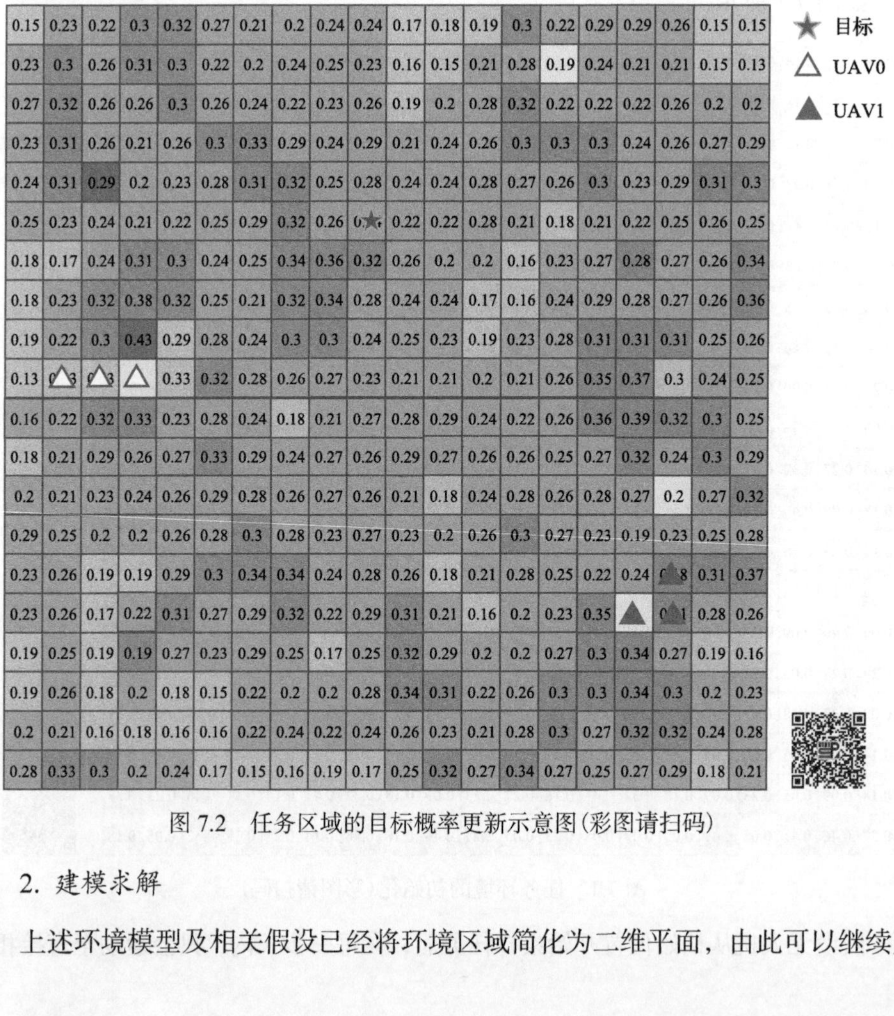

图 7.2　任务区域的目标概率更新示意图(彩图请扫码)

2. 建模求解

上述环境模型及相关假设已经将环境区域简化为二维平面，由此可以继续建立无人机系统的状态模型。假设第 i 架无人机在 k 时刻的状态为 $x^i(k) = [\mathrm{xp}_i(k),$ $\varphi_i(k)]$，$\mathrm{xp}_i(k)$ 是第 i 架无人机在离散网格中的坐标，$\varphi_i(k)$ 是该无人机的航向，第 i 架无人机在 k 时刻的决策输入为 $u^i(k) = [v_i(k), \Delta\varphi_i(k)]$，$v_i(k)$ 是第 i 架无人机的速度，$\Delta\varphi_i(k)$ 是该无人机的航向偏转角度。

此时，系统的动态模型描述为

$$\begin{bmatrix} \mathrm{xp}_i(k+1) \\ \varphi_i(k+1) \end{bmatrix} = \begin{bmatrix} \mathrm{xp}_i(k) + f\left(\varphi_i(k), v_i(k), \Delta\varphi_i(k)\right) \\ \varphi_i(k) + \Delta\varphi_i(k) \end{bmatrix} \tag{7.1}$$

由 k 时刻的状态和输入便可以计算出 $k+1$ 时刻无人机的状态。

多无人机协同察打任务的一般要求是期望无人机能尽快发现并击毁目标，任务协同的指标可以用 $J(x(k), u(k))$ 表示，其中 $x(k)$ 是多无人机系统的状态，$u(k)$ 是多无人机系统的决策输入。

假设 k 时刻多无人机系统的状态集合为 $x(k) = \left\{x^1(k), x^2(k), \cdots, x^{N_V}(k)\right\}$，控制决策输入集合为 $u(k) = \left\{u^1(k), u^2(k), \cdots, u^{N_V}(k)\right\}$，可以得到在 k 时刻求解无人机系统最优任务决策的优化模型如下：

$$u^*(k) = \arg\max_{u(k)} J\left(x(k), u(k)\right)$$

$$\text{s.t.} \begin{cases} x^i(k+1) = f\left(x^i(k), u^i(k)\right) \\ i = 1, 2, \cdots, N_V \\ G\left(x(k), u(k)\right) \leqslant 0 \end{cases} \tag{7.2}$$

式中，$G\left(x(k), u(k)\right) \leqslant 0$ 为具体模型需要考虑的约束条件，一般包括无人机之间的防撞约束等。

为了简化问题的求解，近似认为无人机与目标位于同一网格时即为发现目标，且此时的目标也可以被击毁。与此同时，为了避免无人机之间发生碰撞或相互干扰，可以近似将约束条件转换为限制无人机运动至同一网格。

在此基础上，为了使无人机协同察打任务的整体收益 $J(x(k), u(k))$ 最大化，可以引入贪心策略和分布式机制。采用分布式贪心算法，通过在每个决策步长内最大化每架无人机的收益，即可实现多无人机系统整体目标函数的最大化。

7.2.3　实验分析

为了验证上述多无人机规划方法下的协同察打效果，对不同无人机数量的情形进行了仿真实验，将每种情形下的协同察打效果与多无人机采用随机搜索策略进行察打的效果进行了对比。

假设任务区域为 20×20 的网格环境,图 7.3 示意了一次典型的先验环境条件。为了验证多无人机协同察打的效果,对不同无人机数量的察打任务进行了多次模拟实验,所有仿真实验的统计结果如表 7.1 所示,实验中除了采用分布式贪心策略,还对比了随机搜索策略。

0.05	0.27	0.14	0.32	0.37	0.32	0.18	0.14	0.27	0.27	0.14	0.23	0.09	0.46	0.09	0.41	0.32	0.37	0.05	0.18
0.23	0.41	0.18	0.46	0.27	0.09	0.14	0.37	0.27	0.23	0.09	0.05	0.23	0.32	0.05	0.32	0.09	0.14	0.18	0.05
0.27	0.41	0.18	0.18	0.46	0.23	0.23	0.09	0.14		0.27	0.46	0.09	0.14	0.23	0.46			0.05	0.23
0.14	0.41	0.23	0.14	0.23	0.37	0.46	0.32	0.18	0.41	0.50	0.37	0.14	0.32	0.41	0.41	0.18	0.18	0.37	0.32
0.18	0.46	0.41	0.05	0.27	0.27		0.41	0.14	0.37	0.14	0.32	0.27	0.23	0.46	0.50	0.46		0.37	0.27
0.37	0.09	0.23	0.18	0.09	0.27	0.32	0.32		0.04	0.14	0.23	0.46	0.14	0.05	0.09	0.23	0.18	0.27	0.14
0.14	0.05	0.18	0.41	0.41	0.14	0.18	0.46	0.46	0.46	0.32	0.05	0.18	0.05	0.41	0.27	0.37	0.27	0.18	0.46
0.14	0.32	0.46	0.46	0.32	0.27	0.05		0.37	0.23	0.14		0.46		0.09		0.37	0.18	0.23	0.46
0.23	0.18	0.09	0.37	0.18	0.32	0.18	0.37	0.32	0.14	0.41	0.14	0.18	0.37	0.32	0.27	0.27	0.46	0.18	0.18
0.05	0.14	0.46	0.41		0.32								0.46			0.46	0.18		
0.14	0.27	0.32	0.09	0.09	0.32	0.14	0.05	0.05	0.46	0.32	0.41	0.23	0.14	0.27	0.46	0.46	0.37	0.41	0.14
0.18	0.09	0.41	0.23	0.32	0.46	0.37		0.23	0.46	0.05	0.46	0.23		0.32	0.09	0.46	0.05	0.41	0.14
0.14	0.23	0.32	0.46	0.27	0.37		0.27	0.37	0.32		0.18	0.32	0.37	0.32	0.32	0.14	0.27	0.18	0.37
0.46	0.18	0.18	0.14	0.27	0.23	0.37	0.27	0.09	0.37	0.23	0.18	0.37	0.32	0.32	0.14	0.05	0.37	0.05	0.23
0.09	0.46	0.09	0.09	0.41	0.27	0.41	0.46	0.14	0.32		0.09			0.05		0.05	0.32	0.46	0.46
0.27	0.27	0.05	0.32	0.41	0.18	0.23	0.46	0.09		0.41	0.41	0.09	0.09	0.14	0.18	0.37	0.23	0.46	0.18	0.18
0.09	0.37			0.05		0.23			0.37	0.41	0.14	0.37							0.09
0.14	0.46	0.05	0.37	0.05	0.05	0.23	0.09		0.37	0.46	0.37	0.14	0.32	0.27	0.32	0.46	0.27	0.14	0.27
0.18	0.09	0.05	0.23	0.09	0.18	0.32	0.41	0.18	0.27	0.23	0.09	0.09	0.32	0.41	0.14	0.41	0.46	0.23	0.37
0.27	0.46	0.41	0.05	0.41	0.09		0.05	0.32	0.46	0.09		0.14	0.27	0.18	0.32	0.05	0.18		

图 7.3　先验环境条件

表 7.1　完成多无人机察打任务的平均步长

任务编号	无人机数量/架	分布贪心策略	随机搜索策略
1	2	144	1001
2	3	25	437
3	4	20	203

在上述三种情形下,对于分布式贪心策略,进一步模拟了典型的无人机协同察打过程,其运动轨迹分别如图 7.4～图 7.6 所示。

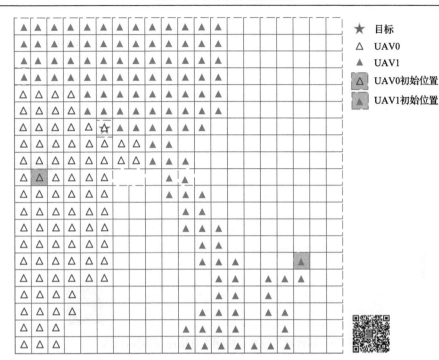

图 7.4　双机初始位置及协同察打轨迹（彩图请扫码）

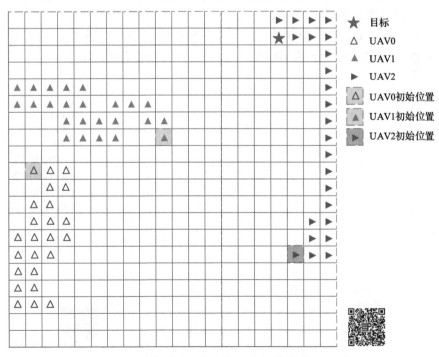

图 7.5　三机初始位置及协同察打轨迹（彩图请扫码）

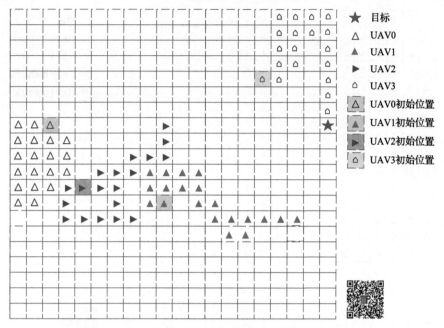

图 7.6 四机初始位置及协同察打轨迹（彩图请扫码）

对于四架无人机执行协同察打任务的情形，这里继续模拟了采用随机搜索策略时的运动轨迹，如图 7.7 所示。

通过对比可知，在简单先验环境下遂行无人机协同察打任务时，利用分布式贪心算法可以获得比较合理的规划方法，其仿真实验效果也较好。

图 7.7 随机策略下的四机察打轨迹（彩图请扫码）

7.3　面向复杂不确定环境的无人机协同察打

一般情况下，环境信息是未知的，无人机需要通过任务区域内的持续侦察搜索，建立起对环境和目标的认知，并实时进行决策。假设任务区域内分布着 N_T 个未知目标，总共有 N_V 架无人机对该区域进行侦察打击，此时任务目的是在规定时间内尽可能发现并摧毁目标，多无人机协同察打过程应该兼顾发现目标及实施打击，因此需要考虑复杂的目标函数及约束条件。对于这类复杂情形下的优化模型，经常会采用滚动规划架构，并引入智能协同算法进行求解，如蚁群优化算法、粒子群优化算法等。下面将面向该类复杂环境情形，并综合无人机的机动性约束、防撞约束以及通信距离等因素的影响，研究多无人机协同察打的任务规划问题。

7.3.1　面向复杂不确定环境的无人机协同察打探测模型

在不确定环境中，传感器探测模型通常描述为概率分布模型 $p(b_k \mid d_k)$，其概率分布公式为

$$p(b_k = 1 \mid d_k) = \begin{cases} P_d, & d_k \leqslant d_{in} \\ P_d - \dfrac{(P_d - P_f)(d_k - d_{in})}{(d_{out} - d_{in})}, & d_{in} < d_k \leqslant d_{out} \\ P_f, & d_k > d_{out} \end{cases} \tag{7.3}$$

式中，$b_k \in \{0,1\}$ 是观测结果，$b_k = 0$ 表示传感器视场没有检测到目标，$b_k = 1$ 表示检测到目标；d_k 是系统状态，表示无人机到目标的距离；$P_d \in [0,1]$ 为传感器检测概率；$P_f \in [0,1]$ 为虚警概率，表示不存在目标但传感器探测到目标的概率。如果 $d_k < d_{in}$，传感器可以检测到目标，但由于观测的不确定性，检测到目标的概率为 P_d；如果 $d_k > d_{out}$，传感器无法检测到目标，但仍然报告检测到目标，则为虚警。

仅考虑当目标与无人机的距离较大或超出传感器探测范围的情况下造成的虚警，由式 (7.3) 可得传感器的概率分布图，如图 7.8 所示。

由于环境本身及对环境的认知都会动态变化，所以依据目标存在概率和信息确定度来建立任务区域的搜索图，通过搜索图的更新来表征对于环境的了解程度。

假设任务区域 R 可以离散化为方形栅格，每个栅格 $(m,n)(m \in \{1,2,\cdots,L\}$，$n \in \{1,2,\cdots,W\})$ 在 k 时刻的目标存在概率为 $p_{mn}(k)$，搜索图的初始值代表了对任务区域环境的先验信息，根据无人机对于环境的不断探测，由贝叶斯概率公式可

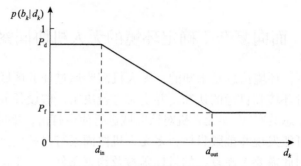

图 7.8　传感器探测概率分布模型

以得到搜索图的更新公式。考虑可以覆盖多个网格的传感器模型，根据传感器检测结果更新目标存在概率图。进一步假设第 i 架无人机的 FOV 只关注一个网格（相当于一次只检测一个栅格），此时基于贝叶斯准则可以设计一个简化的目标存在概率图更新公式：

$$p_{mn}^{i}(k+1)=\begin{cases}\tau\,p_{mn}^{i}(k), & \text{未探测}\\[2mm]\dfrac{P_{\mathrm{d}}\cdot p_{mn}^{i}(k)}{P_{\mathrm{f}}+(P_{\mathrm{d}}-P_{\mathrm{f}})\cdot p_{mn}^{i}(k)}, & \text{已探测且}\,b(k)=1\\[3mm]\dfrac{(1-P_{\mathrm{d}})\cdot p_{mn}^{i}(k)}{1-P_{\mathrm{f}}+(P_{\mathrm{f}}-P_{\mathrm{d}})\cdot p_{mn}^{i}(k)}, & \text{已探测}\end{cases} \tag{7.4}$$

式中，$\tau\in[0,1]$ 是衰减系数，用于表征动态环境。如果没有无人机探测该栅格，则此处的目标存在概率会降低，当栅格 (m,n) 的目标存在概率大于阈值 δ_p 时，认为该区域存在目标，然后令 $p_{mn}^{i}(k)$ 等于初始化值。

7.3.2　多无人机规划的优化模型

在多无人机协同察打任务中，假设执行任务的无人机均具有侦察搜索和压制打击的能力。在侦察搜索任务过程中，无人机的目的是尽快发现存在于任务区域的目标；在压制打击过程中，无人机的目的是全力摧毁发现的敌方目标，为了较快地消灭目标，可能需要多架无人机发起协同打击。在整个过程中，侦察和打击任务一般交替进行，以较好地完成对任务区域的持续察打。如果是异构无人机集群，则需要区分侦察无人机和打击无人机，先由侦察无人机进行探测，发现目标之后再由打击无人机实施打击。

1. 相关假设

假设无人机群由同构固定翼飞机组成，即每架无人机的功能和性能均相同。

指定任务区域为 D，其中有 N_V 架无人机、N_T 个动态移动目标，并分布有 N_P 个威胁。无人机群的任务是通过一种有效的决策方法，在不确定的动态环境中协同搜索和攻击运动目标。假设任务环境可以简化为二维空间，如图 7.9 所示，将任务区划分为 $N_x \times N_y$ 规模的栅格地图，每个栅格的长度和宽度分别为 L_x 和 L_y。无人机的机动性能与离散空间的侦察搜索相对应，无人机的运动主要表现为离散网格点上的运动。红色五角星代表目标，黑色圆圈代表威胁区域，威胁半径为 R_t。假设无人机探测范围在任务区域平面内的投影半径为 R，无人机探测范围内出现的目标和威胁可以被无人机探测到。假设无人机的最大转弯角为 $\varphi_{\max}$，无人机的速度为 v，单位时间内的位移为 d。如果网格的长度和宽度都是 d，则灰色网格表示在机动约束下无人机下一时刻的可能位置[9]。

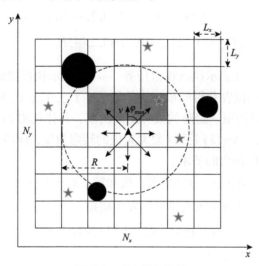

图 7.9　二维任务区域

2. 问题建模

根据上述假设，多无人机执行察打任务的规划问题可以描述为 N_V 架无人机在任务区域内进行协同，其目的是在给定的约束条件下覆盖任务区域，发现并摧毁更多的目标。因此，目标攻击效益 J_T 和环境搜索效益 J_E 是协同搜索攻击任务的性能指标，J_T 是被无人机攻击的目标总价值，J_E 可以用任务区域的覆盖率来表示，定义为搜索过的网格与任务区内所有网格的比率。J_T 和 J_E 计算公式分别如下：

$$\begin{cases} J_T(k) = \displaystyle\sum_{m=1}^{N_{\text{target}}(k)} \text{value}_m \\[2mm] J_E(k) = \displaystyle\sum_{m=1}^{N_x}\sum_{n=1}^{N_y} \text{grid}_{(m,n)}(k) / (N_x \times N_y) \end{cases} \tag{7.5}$$

式中，$N_{\text{target}}(k)$ 为 k 时刻攻击的目标总数；value_m 代表第 m 个目标的价值；$\text{grid}_{(m,n)}(k)$ 为网格 $\text{grid}_{(m,n)}$ 在 k 时刻的覆盖情况，如果在 k 时刻 $\text{grid}_{(m,n)}(k)$ 未被覆盖，则 $\text{grid}_{(m,n)}(k)=0$ ，否则 $\text{grid}_{(m,n)}(k)=1$ 。

无人机群协同搜索攻击任务是在一定约束条件下获得决策输入，使总体性能指标最大化。此时，协同搜索攻击任务的优化模型可以构造如下[9]：

$$U^*(k) = \underset{U(k)}{\arg\max}\left(\omega \times J_T(k) + (1-\omega) \times J_E(k)\right)$$

$$\text{s.t.}\begin{cases} C_m : \Delta\varphi_i(k) - \varphi_{\max} \leqslant 0, & i=1,2,\cdots,N_V \\ C_c : d_{\min} - d_{ij}(k) \leqslant 0, & i,j=1,2,\cdots,N_V; i \neq j \\ C_t : R_l^T - d_{il}^T(k) \leqslant 0, & i=1,2,\cdots,N_V; l=1,2,\cdots,N_p \\ C_r : L_{\text{past}}^i(k) - L_{\max}^i \leqslant 0, & i=1,2,\cdots,N_V \end{cases} \tag{7.6}$$

式中，$\omega \in \{0,1\}$ ，$\omega=1$ 表示执行攻击任务，$\omega=0$ 表示执行搜索任务；U^* 是代表无人机在下一时刻的位置获得的最优决策输入；C_m、C_c、C_t 和 C_r 分别表示无人机的机动约束、防撞约束、避险约束和距离约束，具体说明如下：

C_m 为机动约束。$\Delta\varphi_i(k)$ 是第 i 架无人机的转弯角度，应该小于最大转弯角度 $\varphi_{\max}$ ，以满足无人机转弯的要求。

C_c 为防撞约束。$d_{ij}(k)$ 是第 i 架无人机和第 j 架无人机之间的距离，应该大于最小安全距离 $d_{\min}$ ，以防止无人机之间发生碰撞。

C_t 为避险约束。$d_{il}^T(k)$ 是指第 i 架无人机与第 l 个威胁之间的距离，该距离应大于威胁半径 R_l^t 以避开威胁。

C_r 为距离约束。$L_{\text{past}}^i(k)$ 是第 i 架无人机的飞行距离，应小于该无人机的最大航程极限 $L_{\max}^i$ ，以防止飞行过程中燃油耗尽。

目标概率图（target probability map, TPM）可以描述任务区内目标的分布情况，无人机察打任务首先需要提高发现目标的可能性。在离散任务区，$p_{mn}^i(k)$ 是第 i 架无人机掌握的网格 (m,n) 的目标存在概率，$p_{mn}^i(k) \in [0,1]$，则任务区域内所有网格的目标存在概率构成概率分布矩阵：

$$\text{TPM}_i(k) = \{p_{mn}^i(k) \mid m=1,2,\cdots,N_x,\ n=1,2,\cdots,N_y\} \tag{7.7}$$

目标概率图的更新按下列步骤进行。

1）初始化目标概率图

在初始时刻，各无人机根据目标的初始位置、速度和运动方向等先验信息初始化自己的 TPM。对于不同类型的时间敏感目标，拥有不同的目标概率分布密度函数。

对于单个网格 (m,n) 的目标存在概率 p_{mn}^i，可以表示为

$$p_{mn}^i = \int_{(n-1)L_y}^{nL_y} \int_{(m-1)L_x}^{mL_x} f(x,y)\mathrm{d}x\mathrm{d}y \tag{7.8}$$

进行归一化得到初始目标概率分布矩阵：

$$\mathrm{TPM}_i(m,n) = p_{mn}^i / \sum_{m=1}^{N_x} \sum_{n=1}^{N_y} p_{mn}^i \tag{7.9}$$

2）探测更新

随着搜索攻击任务的推进，无人机对任务区域的认知水平也在变化。因此，在每个决策周期中，无人机都需要根据传感器检测信息动态更新 TPM。与传感器探测距离相关的目标探测概率为式 (7.3)，相应的目标存在概率图更新则由式 (7.4) 计算。

3）预测更新

假设两次决定（k 和 $k+1$ 步）之间的时间间隔是 Δt，为了保证概率图的准确性，提高无人机群的搜索攻击效率，需要对无人机的运动进行预测，并更新相应的 TPM。

第 k 个决策周期的目标位置是一个随机变量 (x^k, y^k)，第 k 个周期概率密度函数是 $f_k(x^k, y^k)$，用全概率公式表示如下：

$$f_k(x^k, y^k) = \iint f((x^k, y^k) \,|\, (x^{k-1}, y^{k-1})) f_{k-1}(x^{k-1}, y^{k-1})\mathrm{d}x^{k-1}\mathrm{d}y^{k-1} \tag{7.10}$$

与目标概率图的初始化类似，归一化后可以得到预测更新的 TPM，并将其结果作为下一时刻决策的先验信息。

7.3.3　基于共生生物搜索算法的协同察打规划

1. 共生生物搜索算法

不确定环境下的协同察打问题属于比较复杂的优化模型，一般会采用启发式方法进行求解，常用的启发式算法包括蚁群优化算法、狼群算法、鸽群优化算法等群智能优化算法。例如，文献[9]提出了一种基于人工势场和蚁群优化混合算法的无人机群协同察打任务规划方案，用于在不确定动态环境下搜索和攻击对时间敏感的运动目标。

然而，多数群智能算法都需要预设部分参数并进行复杂的调参工作，文献[10]提出了一种较新的共生生物搜索（symbiotic organisms search, SOS）算法，这种算法不需要特定参数即可较好地适用于很多优化问题。该算法模拟了生物体在生态系

统中生存的共生互动策略，比较适合求解滚动规划的优化问题模型。

　　自然界中最常见的共生关系包括互利、片利和寄生，图 7.10 显示了在一个生态系统中生活的一组共生生物。互利关系指两个不同物种之间的共生关系，在这种关系中双方都受益。片利关系则对其中一种有益，另一种不受影响。寄生关系则对其中一种有益，另一种生物的利益受到损害。共生关系的存在提高了生物体的适应度和长期生存优势，塑造和维持着现代生态系统。

图 7.10　共生生物构成生态系统[10]

　　SOS 算法模拟了一对生物体关系中的共生作用，用来寻找最适合环境的生物。该算法始于一个称为生态系统的初始种群，生态系统中的每个生物都代表问题的一个解决方案，具有一定的适应度值，它反映了对目标函数的适应程度[11]。按照式(7.11)生成初始生物，每个生物为一个初始解：

$$X_i = L_b + \mathrm{rand}(1,D)(U_b - L_b) \tag{7.11}$$

式中，X_i 代表生态系统中第 $i(i=1,2,\cdots,N)$ 个生物；D 为解的维数；$\mathrm{rand}(1,D)$ 为 $1\times D$ 维的随机向量；U_b 和 L_b 是搜索空间的上界和下界。

　　与其他的元启发式算法类似，SOS 算法在每次迭代中也会对解进行一系列操作，以便生成新的解。生成新解的途径主要是模拟生态系统中两个生物体之间的相互作用，由互利阶段(mutualism phase)、片利阶段(commensalism phase)和寄生阶段(parasitism phase)组成。在互利阶段，相互作用对双方都有利；在片利阶段，对一方有利，对另一方不产生影响；在寄生阶段，一方受益而另一方受损。具体过程如下。

　　1)互利阶段

　　在互利共生阶段中，生物之间相互受益，典型的例子是蜜蜂和花朵。SOS 算法从种群中选取第 i 个生物 X_i，再从生态系统中随机选择另一个生物 X_j，两个生物的更新规则如下：

$$\begin{cases} X_{inew} = X_i + \text{rand}(0,1) \cdot \left(X_{best} - \text{Mutual}_{Vector} \cdot BF_1 \right) \\ X_{jnew} = X_j + \text{rand}(0,1) \cdot \left(X_{best} - \text{Mutual}_{Vector} \cdot BF_2 \right) \\ \text{Mutual}_{Vector} = \dfrac{X_i + X_j}{2} \end{cases} \quad (7.12)$$

式中，rand(0,1) 是 (0,1) 随机数向量；BF_1 和 BF_2 代表共生关系中受益的大小，随机取 1 或 2；Mutual_{Vector} 为相互关系向量，表示生物体 X_i 和 X_j 之间的关系特征；X_{best} 是种群中适应度值最好的生物。需要注意的是，更新时采用"贪婪"原则，即只有当生物的新适应度比原来的适应度更好，才会进行更新。

2）片利阶段

片利现象指对一个生物有益，对另一个生物没有影响，例如雷莫拉鱼和鲨鱼间的关系，雷莫拉鱼依附在鲨鱼身上吃剩下的食物，而鲨鱼不受雷莫拉鱼活动的影响。与互利阶段类似，需要先从生态系统中随机选择一个生物 X_j 与 X_i 相互作用，生物 X_i 试图从相互作用中获益，而不影响 X_j，其更新公式如下：

$$X_{inew} = X_i + \text{rand}(-1,1) \times \left(X_{best} - X_j \right) \quad (7.13)$$

式中，X_{inew} 为新生成的 X_i 向量，仅当 X_{inew} 的适应度值好于原有的 X_i 时才进行更新；rand(-1,1) 是取值 (-1,1) 的随机数向量。

3）寄生阶段

在寄生阶段，一个生物受益而另一个生物受损，典型的例子是疟原虫，利用与按蚊的关系在人类宿主之间传播。在 SOS 算法中，首先通过随机修改生物 X_i 中几个维度的值，得到一个寄生向量，然后随机选取一个生物 X_j 作为寄生宿主，寄生生物试图取代宿主。当寄生生物的适应度值优于宿主生物时，取代宿主；反之，宿主免疫了寄生生物。

共生生物搜索算法流程如图 7.11 所示。

2. 协同察打规划求解

针对复杂不确定环境下的多无人机协同察打任务规划问题，同样可以设计一种基于 SOS 算法的求解方法：每架无人机相当于一个独立的处理器，用以解决自身的本地优化问题；无人机之间则可以进行部分信息交流，从而较好地完成协同察打任务。

然而，原始的 SOS 算法主要适用于连续优化问题，而复杂不确定环境的无人机协同规划可看成根据 TPM 概率图要求的求解无人机最优访问路径的数学问题，属于旅行商问题（TSP）的变种。考虑一个必须访问 n 个城市的推销员，TSP

包括找到通过所有城市的最短旅行，同时没有城市被访问两次。一般来说，TSP
属于 NP 难题的离散组合优化，需要对原始的共生生物搜索算法进行改进，将 SOS
算法的基本特征和优势整合到算法的离散版本中。

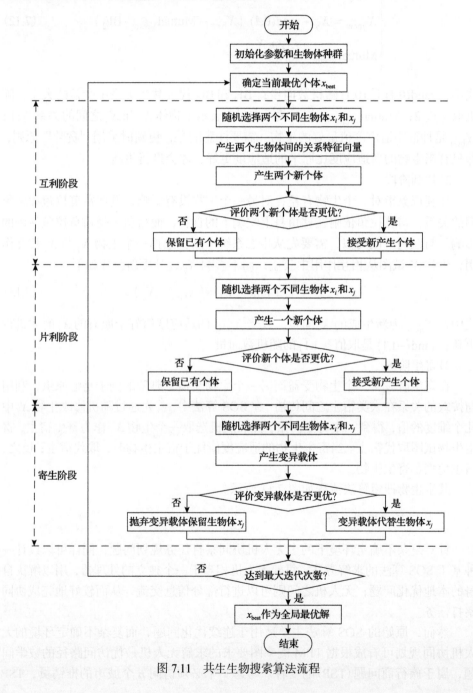

图 7.11　共生生物搜索算法流程

1) TSP 离散解编码

在 SOS 算法的互利阶段和片利阶段，使用公式计算后得到的是一个实数解，而 TSP 最终需要离散解，且 TSP 的特点在于同一位置不能访问两次，因此需要采用一种编码方式，将实数解转换为互不重复的离散解。为此，采用将实数解按从小到大排序的方式进行转换，实数解越大，所在位置被访问的顺序越靠后。例如原始离散解为 (1.5, 4.3, 3.1, 2.7)，经过从小到大的排序，得到 (1.5, 2.7, 3.1, 4.3)，那么"1.5"对应的位置 1 就是第一个被访问，"2.7"对应的位置 4 就是第二个被访问，以此类推，得到的整数解为 (1, 4, 3, 2)。

2) 离散算法的寄生阶段优化

在寄生阶段，使用贪婪混合算子来产生候选解。这是一种多移动操作符，它可以生成多种"邻居"解，然后从中挑选最好的一个。分别使用逆算子、插入算子和交换算子生成 3 个相邻解，并以最优解作为候选解。

假设对于 9 个点的 TSP，其某个可行解为 (8, 6, 1, 7, 9, 4, 5, 3, 2)，表达形式如图 7.12 所示。

图 7.12　一个可行解的标识

那么使用逆运算符、插入运算符和交换运算符的计算过程分别如下。

逆运算符：在解中随机选择两个切割点 i 和 j，对这 2 个切割点之间所有解的顺序进行取反。假设切割点在位置 4 和位置 6 之间，那么将位置 4 到 6 之间的访问顺序全部颠倒，逆运算过程如图 7.13 所示。

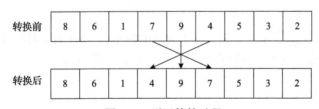

图 7.13　逆运算符过程

插入运算符：在解中随机选择两个位置 i 和 j，再将位置 i 的元素插入到位置 j 的后面。仍然考虑上图的实例，插入算子在选择位置 6 的"4"后，将其插入到位置 8 的"3"后面，如图 7.14 所示。

交换运算符：是一种邻域算子，在解中随机选择两个位置 i 和 j，并交换这两个位置的元素。这个操作符的优点在于可以保留大多数邻接信息，也能使断链中的连接顺序保持一致，如图 7.15 所示。

值得注意的是，在算法的局部搜索阶段，这些变异算子能够提高解的质量，同时增强寄生阶段的功能，有助于维持生态系统的多样性。

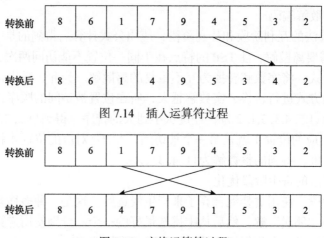

图 7.14 插入运算符过程

图 7.15 交换运算符过程

3）不同阶段的个体选择优化

传统的 SOS 算法采用平均随机的方式选择个体，为了提高优秀解的选择概率，采用遗传算法的轮盘赌选择策略来选择个体。在这种策略下，单个生物体被选择的概率直接与它们的解决方案质量或适应度值成正比。此时，个体的选择概率定义如下：

$$P_i = \left(1 - \frac{f(x_i)}{\sum_{j=1}^{x_{\mathrm{size}}} f(x_j)}\right) \times \frac{1}{n-1} \tag{7.14}$$

式中，$x_1, x_2, \cdots, x_{\mathrm{size}}$ 表示多个解，size 为解的数量；$f(x)$ 为 x 对应计算的总路程。可见，解的总路程越小（适应度越好），被选择的概率越高。

7.3.4 实验分析

对于 20×20 的区域，每个栅格大小为 500m×500m，根据先验信息，区域对应的每个栅格概率图如图 7.16 所示，栅格中数值越大、颜色越深表示目标存在的概率越高。

对于移动目标，侦察无人机群为了在目标移动之前尽快进行搜索，只能优先选择概率最高的栅格，这里将概率最大的 50%格子采取优先搜索，经过过滤之后，高概率栅格如图 7.17 所示。

1）察打一体无人机集群实验

如果只有 1 架察打一体无人机，那么可以直接使用 SOS 算法的 TSP 版本进行求解，找到遍历的最优路径，但是由于集群中察打一体无人机架次通常≥3 架，这

0.41	0.32	0.18	0.45	0.09	0.27	0.27	0.27	0.41	0.09	0.45	0.27	0.41	0.27	0.23	0.27	0.36	0.05	0.23	0.23
0.14	0.23	0.23	0.18	0.09	0.27	0.45	0.45	0.14	0.41	0.14	0.14	0.09	0.32	0.41	0.18	0.32	0.18	0.23	0.05
0.41	0.32	0.18	0.41	0.09	0.09	0.27	0.14	0.23	0.14	0.23	0.45	0.27	0.45	0.45	0.09	0.32	0.41	0.41	0.41
0.41	0.09	0.05	0.45	0.05	0.27	0.18	0.09	0.32	0.45	0.05	0.05	0.09	0.18	0.05	0.27	0.14	0.45	0.41	0.41
0.14	0.09	0.36	0.27	0.14	0.32	0.27	0.23	0.45	0.23	0.36	0.05	0.36	0.41	0.09	0.23	0.23	0.45	0.18	0.45
0.18	0.18	0.05	0.32	0.41	0.09	0.09	0.05	0.27	0.32	0.09	0.27	0.23	0.05	0.18	0.27	0.14	0.14	0.45	0.14
0.27	0.05	0.36	0.18	0.14	0.23	0.09	0.36	0.32	0.14	0.23	0.45	0.32	0.41	0.09	0.05	0.41	0.23	0.45	0.14
0.23	0.45	0.27	0.45	0.23	0.27	0.18	0.41	0.18	0.14	0.32	0.09	0.41	0.41	0.23	0.23	0.23	0.09	0.41	0.18
0.45	0.27	0.27	0.18	0.36	0.05	0.14	0.18	0.23	0.09	0.05	0.14	0.36	0.32	0.45	0.14	0.23	0.05	0.32	0.18
0.41	0.27	0.45	0.27	0.09	0.14	0.32	0.45	0.05	0.18	0.09	0.14	0.27	0.41	0.18	0.09	0.14	0.41	0.36	0.14
0.27	0.23	0.27	0.18	0.18	0.36	0.32	0.05	0.14	0.41	0.36	0.32	0.32	0.41	0.36	0.05	0.41	0.41	0.32	0.18
0.14	0.41	0.09	0.14	0.36	0.05	0.05	0.09	0.27	0.05	0.41	0.45	0.09	0.41	0.41	0.23	0.36	0.41	0.14	0.45
0.45	0.27	0.14	0.14	0.09	0.27	0.14	0.14	0.45	0.14	0.09	0.45	0.45	0.32	0.09	0.36	0.36	0.41	0.36	0.23
0.14	0.41	0.14	0.36	0.09	0.09	0.32	0.05	0.23	0.09	0.05	0.05	0.23	0.14	0.18	0.18	0.05	0.09	0.36	0.32
0.14	0.32	0.09	0.36	0.36	0.18	0.27	0.32	0.23	0.14	0.27	0.27	0.32	0.05	0.14	0.32	0.32	0.09	0.05	0.32
0.14	0.36	0.41	0.09	0.27	0.45	0.45	0.14	0.45	0.14	0.23	0.41	0.45	0.32	0.27	0.45	0.09	0.14	0.23	0.23
0.18	0.36	0.27	0.05	0.18	0.14	0.32	0.27	0.09	0.18	0.36	0.05	0.36	0.27	0.27	0.32	0.36	0.09	0.14	0.27
0.45	0.09	0.14	0.14	0.36	0.23	0.36	0.45	0.36	0.18	0.36	0.27	0.09	0.05	0.45	0.41	0.32	0.27	0.36	0.45
0.09	0.18	0.45	0.14	0.14	0.27	0.32	0.23	0.14	0.23	0.18	0.41	0.32	0.27	0.36	0.18	0.41	0.18	0.41	0.36
0.27	0.45	0.45	0.23	0.09	0.05	0.09	0.18	0.32	0.45	0.36	0.09	0.14	0.27	0.36	0.45	0.36	0.14	0.05	0.14

图 7.16　待搜索区域(20×20)

0.41	0.32		0.45		0.27	0.27	0.27	0.41		0.45	0.27	0.41	0.27	0.23	0.27	0.36		0.23	0.23
	0.23	0.23			0.27	0.45	0.45		0.41				0.32	0.41		0.32		0.23	
0.41	0.32		0.41			0.27		0.23		0.23	0.45	0.27	0.45	0.45		0.32	0.41	0.41	0.41
0.41			0.45		0.27			0.32	0.45						0.27		0.45	0.41	0.41
		0.36	0.27		0.32	0.27	0.23	0.45	0.23	0.36		0.36	0.41		0.23	0.23	0.45		0.45
			0.32	0.41				0.05	0.27	0.32		0.27	0.23			0.27		0.45	
0.27		0.36			0.23		0.36	0.32	0.45		0.45	0.32	0.41			0.41	0.23	0.45	
0.23	0.45	0.27	0.45	0.23	0.27		0.41			0.32		0.41	0.41	0.23	0.23	0.23		0.41	
0.45	0.27	0.27		0.36				0.23				0.36	0.32	0.45		0.23		0.32	
0.41	0.27	0.45	0.27			0.32	0.45						0.27	0.41			0.41	0.36	
0.27	0.23	0.27			0.36	0.32			0.41	0.36	0.32	0.32	0.41	0.36		0.41	0.41	0.32	
	0.41			0.36				0.27		0.41	0.45		0.41	0.41	0.23	0.36	0.41		0.45
0.45	0.27				0.27			0.45			0.45	0.45	0.32		0.36	0.36	0.41	0.36	0.23
	0.41		0.36			0.32		0.23				0.23						0.36	0.32
	0.32		0.36	0.36		0.27	0.32	0.23		0.27	0.27	0.32			0.32	0.32			0.32
	0.36	0.41		0.27	0.45	0.45		0.45		0.23	0.41	0.45	0.32	0.27	0.45			0.23	0.23
	0.36	0.27				0.32	0.27			0.36		0.36	0.27	0.27	0.32	0.36			0.27
0.45				0.36	0.23	0.36	0.45	0.36		0.36	0.27			0.45	0.41	0.32	0.27	0.36	0.45
		0.45			0.27	0.32	0.23		0.23		0.41	0.32	0.27	0.36		0.41		0.41	0.36
0.27	0.45	0.45	0.23					0.32	0.45		0.36			0.27	0.36	0.45	0.36		

图 7.17　按概率值大小过滤后的栅格情况

时先采用 K-means 聚类算法，将距离接近的网格归为一类，由一架无人机进行搜索。不同 k 值条件下聚类的结果如图 7.18 所示。

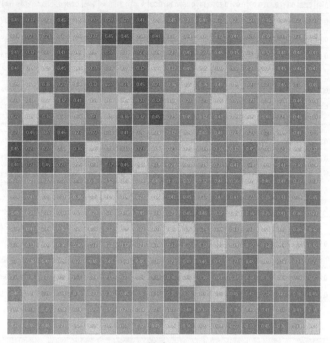

(a) $k=4$

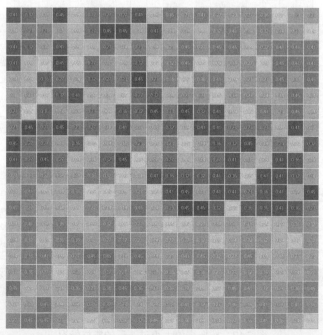

(b) $k=5$

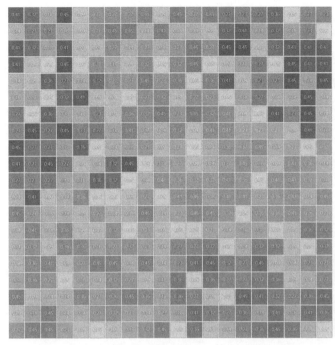

(c) $k=6$

图 7.18　按不同的无人机数量对搜索栅格进行聚类(彩图请扫码)

对于不同的聚类结果,察打一体无人机进行搜索,使用 SOS 算法的 TSP 版本求解,发现目标后直接进行打击。当侦察无人机架次 $k=5$ 时,无人机的搜索轨迹如图 7.19 所示。当察打一体无人机架次为 $k=6$ 时的搜索轨迹如图 7.20 所示。

2) 异构无人机察打实验

如果无人机集群为异构的侦察和打击无人机,那么侦察无人机一旦发现目标,需要及时出动打击无人机对目标进行打击。考虑到目标出现位置不确定,为了缩短打击无人机到达每个可能目标的时间,打击无人机初始部署位置应该满足

$$x_{\text{attack}} = \sum_{i=1}^{S} p_i \times x_i \tag{7.15}$$

式中,x_{attack} 为打击无人机的位置;p_i 为第 i 个单元格的目标存在概率;S 为单元格总数;x_i 为单元格的位置向量。

该公式主要保证打击无人机到达每个位置的期望距离最小。对于 1 架打击无人机,当侦察无人机架次为 5 时,其初始位置如图 7.21 所示。

当打击无人机超过 2 架时,可以先对区域网格聚类,然后对每架打击无人机所负责的聚类分别按照式(7.15)进行计算。图 7.22 展示的是 7 架侦察无人机、3 架打击无人机的任务规划情况。

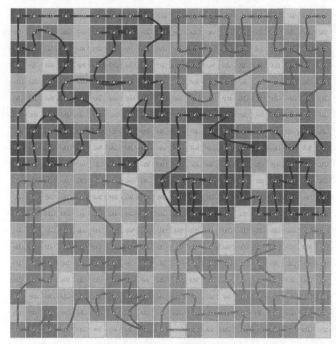

图 7.19　侦察无人机架次为 5 时的搜索轨迹(彩图请扫码)

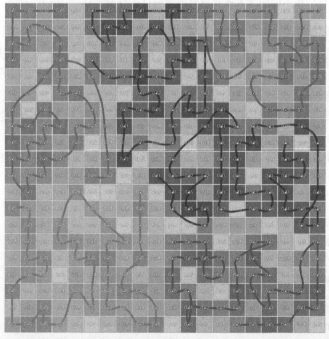

图 7.20　侦察无人机架次为 6 时的搜索轨迹(彩图请扫码)

图 7.21 打击无人机为 1 架次时的初始位置（彩图请扫码）

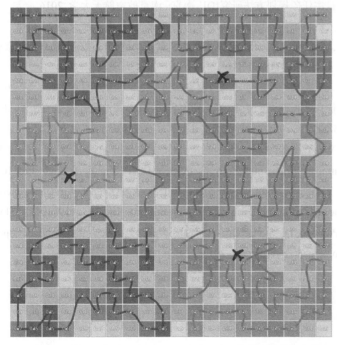

图 7.22 侦察无人机 7 架次、打击无人机为 3 架次时的任务规划情况（彩图请扫码）

7.4　本 章 小 结

伴随着侦察设备及打击武器的小型化发展趋势，无人机越来越多地被用于执行察打任务。关于多无人机协同察打任务规划问题，本章主要针对同构的察打一体无人机，区分简单先验环境和复杂不确定环境进行建模分析，分别提出了分布式贪心及启发式的规划方法。对实际情形的多无人机察打任务，环境或传感器的建模方式可能还需要进一步细化，遂行协同察打任务的无人机也可能会是异构类型，这些都有待深入研究。

参 考 文 献

[1] 肖东, 江驹, 余朝军, 等. 基于多目标遗传算法的异构无人机协同察打[J]. 电光与控制, 2018, 25(7): 24-28.

[2] Sujit P B, Sinha A, Ghose D. Multi-UAV task allocation using team theory[C]. Proceedings of the 44th IEEE Conference on Decision and Control, Seville, 2005: 1497-1502.

[3] Sebbane Y B. 空中机器人规划与决策[M]. 吕超, 马培蓓, 杜彬彬, 等译. 北京: 国防工业出版社, 2018.

[4] 郜晨. 多无人机自主任务规划方法研究[D]. 南京: 南京航空航天大学, 2016.

[5] 肖东. 异构多无人机自主任务规划方法研究[D]. 南京: 南京航空航天大学, 2018.

[6] 侯岳奇, 梁晓龙, 何吕龙, 等. 未知环境下无人机集群协同区域搜索算法[J]. 北京航空航天大学学报, 2019, 45(2): 347-356.

[7] 张立鹏. 面向无人机协同作战的搜索与控制策略研究[D]. 西安: 空军工程大学, 2011.

[8] 张哲璇, 龙腾, 徐广通, 等. 重访机制驱动的多无人机协同动目标搜索方法[J]. 航空学报, 2020, 41(5): 215-227.

[9] Zhen Z, Chen Y, Wen L, et al. An intelligent cooperative mission planning scheme of UAV swarm in uncertain dynamic environment[J]. Aerospace Science and Technology, 2020, 100: 105826.

[10] Chen H X, Nan Y, Yang Y. Multi-UAV reconnaissance task assignment for heterogeneous targets based on modified symbiotic organisms search algorithm[J]. Sensors, 2019, 19(3): 734.

[11] Cheng M Y, Prayogo D. Symbiotic organisms search: A new metaheuristic optimization algorithm[J]. Computers & Structures, 2014, 139: 98-112.

第8章 对敌无人机群的反制

军事技术一直都是在"矛与盾"的相互制约和相互促进中不断发展。无人机等智能无人集群在军事领域中的应用越来越广泛,针对无人集群的防御和反制方法研究也引起了各国军方的高度重视。

8.1 概　述

随着无人机技术的快速发展及其在军事中的广泛应用,针对敌方的无人机特别是无人机群的防御和反制技术也吸引了越来越多的关注。目前这些对抗技术主要分为三个方面。一是干扰破坏,包括假目标干扰、电子干扰、信号阻塞与屏蔽、网络攻击等;二是侦察预警,如针对无人机群,采用陆、海、空、天各类侦察预警系统纵深梯次交错配置的结构布局,形成统一、快速、高效的侦察预警体系;三是拦截攻击,如弹炮拦截、激光拦截、无人机"自杀式"拦截、主动设障等方式。

本章主要介绍应对无人机群搜索的假目标干扰方法、应对无人机群侦察的自动防空系统配置方法和应对无人机群察打的无人机对抗攻击方法。

8.2 应对敌无人机群搜索的假目标干扰方法

假目标是一种广泛使用的军事欺骗技术,曾经在欺骗人眼以及雷达等传统探测设备上取得了巨大的成功。而在新兴的无人智能设备上,应用了高精度图像、视频、热敏、声学等越来越多的先进传感设备,对其进行欺骗的难度大大增加,这对假目标的设置和使用提出了新的挑战[1]。以本书第 5 章介绍的多无人机搜索方法为基础,给出一个用于干扰敌无人机群搜索任务的假目标优化设置问题,并提出相应的优化求解算法。

8.2.1 应对敌无人机群搜索的假目标优化设置问题

先考虑一个基本的多无人机协同搜索问题,即使用 n 架无人机来搜索一个连续区域。整个区域 A 划分为 m 个子区域 $\{A_1, A_2, \cdots, A_m\}$,每个子区域 A_i 的相邻子区域的集合记为 $N_g(A_i)$,$1 \leqslant i \leqslant m$。采用正交栅格来划分子区域,则除了边缘方格外,每个方格有上、下、左、右四个子区域,这样无人机在 A_i 中可以选择 4 个方向来进入下一个子区域。采用更抽象的相邻子区域集合表示，以涵盖各种不同的子区域划分方式。

参照第 5 章的搜索问题模型，在未设置假目标的前提下，从搜索方的角度出发，根据前期情报、环境、时间等信息要素，估算出每个子区域 A_i 的目标存在概率为 $p(i)$。无人机对每个区域可以采用 K 种不同的搜索模式，当采用第 k 种模式搜索子区域 A_i 时($1 \leqslant k \leqslant K$)，搜索用时为 $t_s(i,k)$，搜索成功概率为 $p_s(i,k)$，二者通常成正比。例如无人机高空快速掠过子区域，搜索用时短，但成功概率也小；无人机采用低空细致搜索模式，搜索用时长，成功概率也大[2]。此外，无人机以第 k 种模式搜索完子区域 A_i 后，飞行到相邻子区域 $A_{i'}$ 所需的时间记为 $t_f(i,i',k)$。

搜索方的决策是要为每架无人机确定一个搜索序列 $x_j = \{x_{j,1}, x_{j,2}, \cdots, x_{j,m_j}\}$，以及其中每个区域对应的搜索模式 $y_j = \{y_{j,1}, y_{j,2}, \cdots, y_{j,m_j}\}$，$m_j$ 为第 j 架无人机的搜索序列长度($1 \leqslant j \leqslant n, 1 \leqslant y_{j,i} \leqslant K$)。基于搜索序列以及上述输入变量，可计算出每架无人机搜索完其第 i 个区域的时间 $t(j,x_{j,i})$。目标是用尽可能短的时间实现尽可能大的搜索成功率(或收益)，目标函数表达为

$$\max f(\boldsymbol{x}, \boldsymbol{y}) = \sum_{j=1}^{n} \sum_{i=1}^{m_j} \frac{T - t(j, x_{j,i})}{T} p_s(x_{j,i}, y_{j,i}) p(x_{j,i}) \tag{8.1}$$

式中，T 为搜索时间上限，可设置为任务截止时间、无人机最大续航时间等。

站在无人机的对手角度，为干扰无人机搜索，拟在区域内设置 Q 个假目标。假定每个区域最多只能放置一个假目标，问题就是要在 m 个子区域中选出 Q 个来放置假目标。任意一个假目标放置方案都会对搜索方的目标存在概率判断产生影响。按方案 z 放置假目标后，搜索方对每个子区域 A_i 的目标存在概率估值更新为 $p_z(i)$。搜索方无人机搜索路径规划的目标函数更新为

$$\max f_z(\boldsymbol{x}, \boldsymbol{y}) = \sum_{j=1}^{n} \sum_{i=1}^{m_j} \frac{T - t(j, x_{j,i})}{T} p_s(x_{j,i}, y_{j,i}) p_z(x_{j,i}) \tag{8.2}$$

在理想情况下，假定搜索方能够找到使目标函数 (8.2) 最大化的搜索策略 (x_z^*, y_z^*)。站在对手角度，希望采用的假目标设置方案 z 能够使该搜索策略的真实目标函数 (8.1) 最小化：

$$\min g(\boldsymbol{z}) = f\left(\arg \max_{\boldsymbol{x}, \boldsymbol{y}} f_z(\boldsymbol{x}, \boldsymbol{y})\right) \tag{8.3}$$

但在实际情况下，搜索方并不能保证总是找到最优搜索策略 $\left(x_z^*, y_z^*\right)$，因此对抗方不能仅针对该策略来确定搜索假目标设置策略，而是应针对搜索方可能采用的一组搜索策略集 $L(z)$，其中每个策略 $l = (x_l, y_l) \in L(z)$ 的采纳概率记为 $p_a(l)$。对抗方的目标函数设为对搜索策略集 L 平均期望达到的真实目标函数 (8.1) 最小化：

$$\min g(z) = \frac{1}{|L(z)|} \sum_{l \in L(z)} p_a(l) f(l) \tag{8.4}$$

该问题的决策是要从所有 m 个子区域中选择 Q 个来放置假目标，所有可能的放置方案一共有 C_m^Q 个；其中每个放置方案都将派生出一个多无人机搜索问题实例，后者本身就是一个 NP 难题。因此，上述假目标优化设置问题具有很高的复杂性。

8.2.2 基于进化计算的假目标优化设置算法

针对上述应对无人机群搜索的假目标优化设置问题，这里提出一种基于进化计算的求解方法[3]，其基本过程可划分为以下步骤。

(1) 选定一种或一组求解多无人机搜索问题的算法；

(2) 针对假目标优化设置问题，随机生成一组假目标放置方案作为初始种群；

(3) 对种群中的每个方案 z，执行下列操作：

① 派生出一个多无人机搜索问题实例；

② 运用选定算法求解该问题实例，并从求解结果中选取一组候选的搜索策略集 $L(z)$；

③ 按式 (8.4) 计算 z 的适应度值；

(4) 基于适应度值，对种群中的方案进行进化操作，生成下一代种群；

(5) 如终止条件满足，返回已找到的适应度最佳的方案，否则转步骤 (3)。

算法采用 0-1 编码，即每个解编码为一个长为 m 的 0-1 向量 $z = (z_1, z_2, \cdots, z_m)$，其中 $z_i = 1$ 表示在子区域 A_i 中放置一个假目标，$z_i = 0$ 则表示不放置 $(1 \leqslant i \leqslant m)$。

这里选取 GA[4]、PSO[5]、BBO[6]、WWO[7] 等几种典型的进化算法来实现上述算法框架。

1. 遗传算法实现

GA 使用交叉和变异两种操作。交叉操作每次作用于两个解 $z^a = \left(z_1^a, z_2^a, \cdots, z_m^a\right)$ 和 $z^b = \left(z_1^b, z_2^b, \cdots, z_m^b\right)$，其执行方式是选择 $[1, m]$ 之间的一个随机数 m'，将两个解均分为两部分 $z^a = \left(z_1^a, \cdots, z_{m'}^a\right) + \left(z_{m'+1}^a, \cdots, z_m^a\right)$ 和 $z^b = \left(z_1^b, \cdots, z_{m'}^b\right) + \left(z_{m'+1}^b, \cdots, z_m^b\right)$，

而后重新组合为两个新解 $z^c = \left(z_1^a, \cdots, z_{m'}^a\right) + \left(z_{m'+1}^b, \cdots, z_m^b\right)$ 和 $z^d = \left(z_1^b, \cdots, z_{m'}^b\right) + \left(z_{m'+1}^a, \cdots, z_m^a\right)$。对每个新解, 如果为 1 的分量数多于 Q, 则随机选取其中多余个数的 1 分量改为 0; 如果为 1 的分量数少于 Q, 则随机选取其中不足个数的 0 分量改为 1。图 8.1 给出了交叉操作的一个示例。

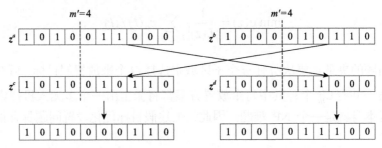

图 8.1 求解假目标优化设置问题的遗传算法交叉操作示意图 ($m=10$, $Q=4$)

变异操作每次作用于单个解 $z = \{z_1, z_2, \cdots, z_m\}$, 其执行方式相对简单, 每次随机选取一个 1 分量和一个 0 分量并交换其值。

2. 粒子群优化算法实现

PSO 算法的核心思想是每个解 z 不断向个体历史最优 **pbest**$_z$ 和群体历史最优 **gbest** 学习。在求解连续优化问题的原始 PSO 算法中, 每个解在每次迭代时按式 (8.5) 和式 (8.6) 更新其速度和位置:

$$v_z = w v_z + c_1 \cdot \text{rand()} \cdot \left(\textbf{pbest}_z - z\right) + c_2 \cdot \text{rand()} \cdot \left(\textbf{gbest} - z\right) \qquad (8.5)$$

$$z = z + v_z \qquad (8.6)$$

应用于假目标优化设置这个离散优化问题时, 对每个解 z 进行更新的策略是: 在解的每个分量上, 生成一个 [0,1] 内的随机数, 如果该数小于 $w / (w + c_1 \times \text{rand()} + c_2 \times \text{rand()})$, 则该分量保持不变; 如果该数在 $w / (w + c_1 \times \text{rand()} + c_2 \times \text{rand()})$ 和 $(w + c_1 \times \text{rand()}) / (w + c_1 \times \text{rand()} + c_2 \times \text{rand()})$ 之间, 则该分量取 **pbest**$_z$ 的对应分量值, 否则取 **gbest** 的对应分量值。即该分量保持原值、取 **pbest**$_z$ 的对应分量值、取 **gbest** 的对应分量值的概率分布对应于式 (8.5) 中的三项系数。在所有分量更新后, 如果为 1 的分量数不等于 Q, 则同样按照上面遗传算法中的策略进行修正。

3. 生物地理学优化算法实现

BBO 算法的核心思想是每个解 z 在每一分量上以一定概率向其他解学习, 学

习概率与当前解 z 的适应度成反比，其他解的选取概率则与其适应度成正比。这里使用 BBO 的改进算法——EBO (ecogeography-based optimization，生态地理学优化)算法[8]来求解假目标优化设置问题，它使用邻域结构来控制种群中解的信息交互。EBO 算法使用两种迁移算子，一种是相邻解之间的局部迁移，迁移时直接将当前解 z 的分量设置为相邻迁出解 z' 的对应分量：

$$z_i = z_i' \tag{8.7}$$

另一种是全局迁移，在每次选取一个相邻的迁出解 z' 和一个不相邻的迁出解 z''，并使用其中适应度较高的一个解进行分量迁移：

$$z_i = \begin{cases} z_i', & g(z') \leqslant g(z'') \\ z_i, & \text{其他} \end{cases} \tag{8.8}$$

类似地，在所有分量更新后，如果为 1 的分量数不等于 Q，则随机修改一部分分量以满足解的合法性。EBO 算法基于一个"种群不成熟度"的控制参数 η 来选择迁移操作，局部迁移的概率为 η，全局迁移的概率为 $(1-\eta)$。

4. 水波优化算法实现

WWO 算法的核心思想是每个解 z 在特定波长范围内进行随机搜索，搜索范围与其适应度成反比。针对假目标优化设置问题，按照 WWO 算法求解组合优化问题的策略[9]修改波长计算方式，使用式(8.9)来计算每个解 z 的波长 $\lambda(z)$：

$$\lambda(z) = 1 + \left(\frac{m}{2} - 1 \right) \frac{g(z) - g_{\min} + \varepsilon}{g_{\max} - g_{\min} + \varepsilon} \tag{8.9}$$

式中，$g_{\max}$ 和 $g_{\min}$ 分别为种群中解的目标函数最大值和最小值。在对每个解 z 执行传播操作时，生成一个 1 和 $\lambda(z)$ 之间的随机整数 d，而后在 z 上执行 d 步 0-1 交换，即随机选取一个 0 分量和一个 1 分量并交换其值。执行完 d 步交换后的新解与原解进行比较，二者间较优的一个保留在种群中。

算法每找到一个新的当前最优解 z^*，对其执行 k_N 步邻域搜索，每次也是执行一次 0-1 交换，并检查一步交换后的邻域解是否优于 z^*，是则替换 z^*。

8.2.3　实验分析

构造一组测试问题实例对上述 4 个求解算法性能进行测试，搜索区域分别采用正交栅格(如图 8.2(a)所示，除边缘外，每个子区域有 4 个相邻子区域)、六边形蜂窝(如图 8.2(b)所示，除边缘外，每个子区域有 6 个相邻子区域)，以及一般图形式(如图 8.2(c)所示，边表示相邻关系，每个子区域可以有各种不同相邻子区域)。每种形式生成不同大小的搜索区域 2 个，每个区域再按不同数量的无人机生成 2 个问题实例，共计 12 个测试问题实例，基本特征如表 8.1 所示。

(a) 正交栅格　　　　　　　(b) 六边形蜂窝　　　　　　　(c) 一般图

图 8.2　测试问题搜索区域组织形式

表 8.1　假目标优化设置问题测试实例

区域形式	子区域个数	无人机数量 n×假目标数量 Q
正交栅格	64	实例 1: (3×2)，实例 2: (8×4)
	225	实例 3: (3×3)，实例 4: (5×5)
六边形蜂窝	52	实例 5: (3×2)，实例 6: (5×4)
	331	实例 7: (5×4)，实例 8: (10×8)
一般图	50	实例 9: (3×2)，实例 10: (5×3)
	201	实例 11: (5×5)，实例 12: (10×8)

在每个问题实例上，首先选取不超过假目标数量的子区域来放置真实目标，对每个目标，按照其所在子区域向周围扩散的方向，设置基于高斯分布的目标存在概率。然后先采用 GA、PSO、BBO、FWA、WWO、超启发算法共六种算法分别进行无人机搜索路径优化，在这些算法求得的所有解集中，记录排名前十的解的目标函数值。

接下来，分别运行 8.2.2 节中设计的 GA、PSO、EBO 和 WWO 算法对每个问题实例进行假目标设置优化；求解过程中，对每个假目标设置方案，同样采用上述六种搜索算法对设置假目标之后的区域进行无人机搜索路径优化，同时也采用它们求得的解集中排名前十的解作为搜索策略集 $L(z)$，其中每个解的采纳概率与其在解集中的出现频次成正比。在每个问题实例上，每个算法重复 20 次，取 20 次结果的中位数来衡量其平均性能。

表 8.2 给出了在 12 个测试问题实例上的实验结果，包括未设置假目标时无人机搜索算法求得的排名前 10 的目标函数值的均值(记为 AUV，数字用下划线标示)，以及使用 4 个假目标设置算法求解设置假目标后，原来这些无人机搜索算法

再次求得的排名前 10 的目标函数值的均值。在每个实例上，4 个假目标设置算法中的最优值加粗显示。

表 8.2　四种进化算法在假目标设置问题测试实例上的运行结果

实例编号	m	n	Q	AUV	GA	PSO	EBO	WWO
1	64	3	2	<u>0.406</u>	0.224	**0.196**	0.206	0.208
2	64	8	4	<u>0.432</u>	0.198	0.177	0.191	**0.166**
3	225	3	3	<u>0.130</u>	0.074	0.070	0.070	**0.068**
4	225	5	5	<u>0.154</u>	0.052	0.046	0.044	**0.043**
5	52	3	2	<u>0.268</u>	0.120	**0.109**	0.125	0.111
6	52	5	4	<u>0.314</u>	0.106	**0.093**	0.100	0.095
7	331	5	4	<u>0.095</u>	0.036	0.031	0.030	**0.030**
8	331	10	8	<u>0.138</u>	0.023	0.019	0.019	**0.017**
9	50	3	2	<u>0.182</u>	0.120	**0.117**	0.124	0.118
10	50	5	3	<u>0.222</u>	0.126	0.113	**0.112**	0.116
11	201	5	5	<u>0.067</u>	0.016	0.015	0.013	**0.012**
12	201	10	8	<u>0.096</u>	0.009	0.011	0.009	**0.007**

通过实验比较发现，利用上述启发式算法寻找的假目标设置方案，能够大大降低对方无人机群的搜索效率：在使用 2、3 个假目标的实例上，对方无人机群搜索的目标函数值降到原值的 30% 左右；使用 4、5 个假目标时，对方无人机群搜索的目标函数值降到原值的约 20%～30%；在使用 8 个假目标的实例 8 和 12 上，对方无人机群搜索的目标函数值降到原值的约 10%～15%。在四种比较算法中，PSO 算法在实例 1、5、6、9 上取得了最优结果，这些实例的共同特点是 n 和 Q 值都较小、m 值也不大，在这些小规模的实例上，PSO 算法的搜索速度较快，优化效果较好；WWO 算法在实例 2、3、4、7、8、11、12 上取得了最优结果，这些实例大都区域数量多且假目标数量较多，这说明 WWO 更适合于对大规模问题解空间的搜索；EBO 算法在小规模实例上的性能排名比较靠后，但在中等规模实例上表现较好，并在实例 10 上取得了最优结果；GA 性能表现最差，未能在任何实例上取得最优结果。因此，建议对小规模问题实例使用 PSO 算法求解，对大规模问题实例使用 WWO 算法求解。

8.3　应对敌无人机群侦察的自动防空系统配置方法

自动防空系统是通过雷达等设备自动监视入侵飞行器，并控制防空火力进行拦截射击的防空系统。随着其技术的不断发展和完善，自动防空系统已成为对抗无人机群的重要手段。在大规模野战环境下配置防空系统，需要考虑周边环境、我方防空力量、敌方力量及策略等各种因素，是一个复杂的优化问题。这里提出一个用于应对敌无人机群侦察任务的自动防空系统优化配置问题的数学模型，并给出相应的优化求解算法。

8.3.1 应对敌无人机群侦察的自动防空系统优化配置问题

考虑一个无人机三维路径规划问题[10]，有一架或多架无人机要经过一片复杂地形区域，区域中标注了一系列航路点 $\{W_1, W_2, \cdots, W_n\}$，其中每个航路点 W_i 由三维坐标 (x_i, y_i, z_i) 刻画；该问题是要找到从指定起点 S 出发、经过一组航路点、最后达到指定终点 T 的一条路径 $\boldsymbol{P} = (S, P_1, P_2, \cdots, T)$。为表达方便，记 $S = P_0$，$T = P_{n_P}$，n_P 为路径 $\boldsymbol{P}$ 上的航路点（包括 S 和 T）总数。路径的代价可从多个方面进行衡量，这里考虑以下 4 个方面的代价。

(1) 路径总长度。飞行长度越长，代价越高。将其转换为与起终点之间直线距离 $|S, T|$ 的比值：

$$L(\boldsymbol{P}) = \frac{1}{|S, T|} \sum_{i=0}^{n_P-1} |P_i, P_{i+1}| \tag{8.10}$$

(2) 路径平均高程。飞行高度越高，代价越高，因为低高度飞行能够提高侦察效率，同时降低自身被发现的风险。将其转换为与飞行高程最大范围 $(z_{max} - z_{min})$ 的比值，其中 $\bar{z}(P_i, P_{i+1})$ 表示飞行区间 $[P_i, P_{i+1}]$ 的平均高程：

$$H(\boldsymbol{P}) = \frac{1}{z_{max} - z_{min}} \sum_{i=0}^{n_P-1} \left(\bar{z}(P_i, P_{i+1}) - z_{min} \right) \tag{8.11}$$

(3) 路径过度转向代价。当路径中两个相邻航路点间转角超过无人机最大水平转角 ω_{max} 时，无人机需要减速转向，因而可显著降低飞行效率：

$$R(\boldsymbol{P}) = \frac{1}{n_P \omega_{max}} \sum_{i=0}^{n_P-1} \max\left(\omega(P_i, P_{i+1}) - \omega_{max}, 0 \right) \tag{8.12}$$

(4) 路径过度倾角代价。当路径中两个相邻航路点间倾角超过无人机最大倾角 θ_{max} 时，无人机需要减速进行提升或降落，因而可显著降低飞行效率：

$$S(\boldsymbol{P}) = \frac{1}{n_P \theta_{max}} \sum_{i=0}^{n_P-1} \max\left(\theta(P_i, P_{i+1}) - \theta_{max}, 0 \right) \tag{8.13}$$

实际应用中还可加入其他方面的代价。路径规划问题的目标函数定义为上述代价的加权和，其中 w_H、w_R、w_S 分别为高程代价、转向代价、倾角代价的权重：

$$\min C(\boldsymbol{P}) = L(\boldsymbol{P}) + w_H H(\boldsymbol{P}) + w_R R(\boldsymbol{P}) + w_S S(\boldsymbol{P}) \tag{8.14}$$

对于单架无人机，假定找到了使目标函数(8.14)最小化的路径 $\boldsymbol{P}^*$，其必将沿该路线行进；要对其进行反制，只需在 $\boldsymbol{P}^*$ 上任选一个合适位置配置防空系统。但对于无人机群，前方无人机遭遇防空火力拦截，后续的无人机有能力自行规避该防空系统火力覆盖范围。设防空系统配置的位置为 A_1，后续无人机的新起点 S_1 按 $\boldsymbol{P}^*$ 进入火力覆盖范围的点在路径上回退 Δd 来设置，Δd 为无人机飞行平均间隔，如图 8.3 所示。

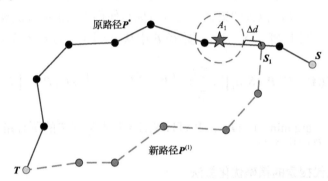

图 8.3　无人机群遭遇火力拦截后重新规划路径的示意图

无人机群从新起点 S_1 开始重新规划路径 $\boldsymbol{P}^{(1)}$，该路径还应考虑进入防空系统火力覆盖范围的代价，该代价由每个飞行区间 $\left[P_i^{(1)}, P_{i+1}^{(1)} \right]$ 位于防空系统火力覆盖范围内的长度 $\varLambda_1(P_i^{(1)}, P_{(i+1)}^{(1)})$ 累加而成：

$$E_1(\boldsymbol{P}^{(1)}) = \frac{1}{|S, T|} \sum_{i=0}^{n_P^{(1)}-1} \varLambda_1(P_i^{(1)}, P_{i+1}^{(1)}) \tag{8.15}$$

此时，路径规划的目标函数还应加上被火力覆盖的风险代价，其中权重 w_E 通常较大(该值足够大时，将不允许路径进入火力覆盖范围)：

$$\min C_1(\boldsymbol{P}^{(1)}) = C(\boldsymbol{P}^{(1)}) + w_E E_1(\boldsymbol{P}^{(1)}) \tag{8.16}$$

在进行第一次火力拦截之后，可针对无人机重新规划的路径设置第二个防空系统 A_2；无人机群遭遇 A_2 的火力拦截后，又将从当前位置 S_2 开始重新规划路径 $\boldsymbol{P}^{(2)}$；此过程交替迭代下去，直至配置的防空系统数量达到最大数量 m 个。此时，无人机路径规划的防空系统火力威胁代价如下，其中 $\varLambda_m(P_i^{(m)}, P_{i+1}^{(m)})$ 表示飞行区间 $\left[P_i^{(m)}, P_{i+1}^{(m)} \right]$ 位于所有 m 个防空系统火力覆盖范围的长度：

$$E_m(\boldsymbol{P}^{(m)}) = \frac{1}{|S,T|} \sum_{i=0}^{n_P^{(m)}-1} \Lambda_m(P_i^{(m)}, P_{i+1}^{(m)}) \tag{8.17}$$

则无人机群最后一次重新规划的目标函数为

$$\min C_m(\boldsymbol{P}^{(m)}) = C(\boldsymbol{P}^{(m)}) + w_A E_m(\boldsymbol{P}^{(m)}) \tag{8.18}$$

站在无人机群对手的角度，为尽可能阻止无人机群通过，在区域内选择 m 个位置 $A = \{A_1, A_2, \cdots, A_m\}$ 来配置自动防空系统，其中 $A_i \in \Omega(1 \leqslant i \leqslant m)$，$\Omega$ 为所有符合配置自动防空系统的位置的集合。设置目标是使得无人机群各次规划最优路径的总代价最大，其中 $\boldsymbol{P}[S_j, S_{j+1}]$ 表示路径 $\boldsymbol{P}$ 中从 S_j 到 S_{j+1} 的部分路径：

$$\max f(\boldsymbol{A}) = C\left(\boldsymbol{P}^*[S, S_1]\right) + \sum_{j=1}^{m-1} C_j\left(\boldsymbol{P}^{*(j)}\left[S_j, S_{j+1}\right]\right) + C\left(\boldsymbol{P}^{*(m)}\left[S_m, T\right]\right) \tag{8.19}$$

式中，$\boldsymbol{P}^{*(j)} = \underset{\boldsymbol{P} \in \text{PATH}(S_j, T)}{\arg\min} C_j(\boldsymbol{P})$，$\text{PATH}(S_j, T)$ 为从 S_j 到 T 的所有路径集合。

8.3.2　基于迭代搜索的精确优化算法

首先研究如何精确求解上述自动防空系统的优化配置问题。考虑最后一个防空系统的配置，在前 $m-1$ 个防空系统已配置好的前提下，第 m 个防空系统应当针对无人机群最近一次重新规划的路径 $\boldsymbol{P}^{*(m-1)}$ 来进行配置，配置的目标是使式 (8.20) 最大化：

$$\max f(A_m) = C_{m-1}\left(\boldsymbol{P}^{*(m-1)}\left[S_{m-1}, S_m\right]\right) + C_m\left(\boldsymbol{P}^{*(m)}\left[S_m, T\right]\right) \tag{8.20}$$

式中，$\boldsymbol{P}^{*(m)}$ 是无人机群为了躲避 A_m 而再次规划的新路径。

A_m 的候选位置集 $\Omega_m = \Omega \setminus \{A_1, A_2, \cdots, A_{m-1}\}$，"\\" 表示除去，而且其配置的火力覆盖范围应当与路径 $\boldsymbol{P}^{*(m-1)}$ 有交集。因此，求解 A_m 优化配置子问题的过程 $\text{FindA}(m, \boldsymbol{P}^{*(m-1)}, \Omega_m)$ 可使用算法 8.1 来描述，其中 $\Phi(A)$ 表示在 A 点设置防空系统的火力覆盖范围。

算法 8.1　$\text{FindA}(m, \boldsymbol{P}^{*(m-1)}, \Omega_m)$

1.　初始化一个空集 A_m，令 $f_{\max} = 0$；

2.　**for each** $A \in \Omega_m$ **do**

3.　　**if** $\Phi(A) \bigcap \boldsymbol{P}^{*(m-1)} \neq \varnothing$ **then**

4.　调用 A^* 算法重新规划无人机群路径 $\boldsymbol{P}^{*(m)}$ ；

5.　按式 (8.20) 评估 $f(A)$ ；

6.　**if** $f(A) > f_{\max}$ **then**

7.　　$A_m \leftarrow A; f_{\max} \leftarrow f(A)$ ；

8.　返回 A_m 。

接下来考虑配置第 $m-1$ 个防空系统 A_{m-1} 的子问题，其目标是使式 (8.21) 最大化：

$$
\begin{aligned}
\max f(A_{m-1}) = &C_{m-2}\left(\boldsymbol{P}^{*(m-2)}\left[S_{m-2}, S_{m-1}\right]\right) + C_{m-1}\left(\boldsymbol{P}^{*(m-1)}\left[S_{m-1}, S_m\right]\right) \\
&+ C_m\left(\boldsymbol{P}^{*(m)}\left[S_m, T\right]\right)
\end{aligned}
\tag{8.21}
$$

求解该子问题的过程 $\text{FindA}(m-1, \boldsymbol{P}^{*(m-2)}, \Omega_{m-1})$ 的框架与算法 8.1 类似，即在候选位置集 Ω_{m-1} 中的每个位置进行迭代搜索；在评估每个位置的适应度函数时，不仅要基于该点来模拟规划无人机群路径 $\boldsymbol{P}^{*(m-1)}$ ，还要调用过程 $\text{FindA}(m, \boldsymbol{P}^{*(m-1)}, \Omega_m)$ 来搜索 A_m 的优化配置。该过程可使用算法 8.2 来描述。

算法 8.2　$\text{FindA}(m-1, \boldsymbol{P}^{*(m-2)}, \Omega_{m-1})$

1.　初始化一个空集 A_{m-1} ，令 $f_{\max} = 0$ ；

2.　**for each** $A \in \Omega_{m-1}$ **do**

3.　　**if** $\Phi(A) \bigcap \boldsymbol{P}^{*(m-2)} \neq \varnothing$ **then**

4.　　调用 A^* 算法重新规划无人机群路径 $\boldsymbol{P}^{*(m-1)}$ ；

5.　　调用 $\text{FindA}(m, \boldsymbol{P}^{*(m-1)}, \Omega_{m-1} \setminus \{A\})$ 确定 A_m 及 $\boldsymbol{P}^{*(m)}$ ；

6.　　按式 (8.21) 评估 $f(A)$ ；

7.　　**if** $f(A) > f_{\max}$ **then**

8.　　　$A_{m-1} \leftarrow A; f^* \leftarrow f(A)$ ；

9.　返回 A_{m-1} 。

依此反向类推，配置第一个防空系统 A_1 的问题就是最小化全局目标函数 (8.19)，其求解过程 $\text{FindA}(1, \boldsymbol{P}^*, \Omega)$ 可使用算法 8.3 来描述。

算法 8.3　FindA$(1, \boldsymbol{P}^{*}, \Omega)$

1.　初始化一个空集 A_1，令 $f_{\max} = 0$；

2.　**for each** $A \in \Omega$ **do**

3.　**if** $\Phi(A) \bigcap P^{*} \neq \varnothing$ **then**

4.　　　调用 A^{*} 算法重新规划无人机群路径 $\boldsymbol{P}^{*(1)}$；

5.　　　调用 FindA$(2, \boldsymbol{P}^{*(1)}, \Omega \setminus \{A\})$ 确定 $\{A_2, \cdots, A_m\}$ 及 $\{\boldsymbol{P}^{*(2)}, \cdots, \boldsymbol{P}^{*(m)}\}$；

6.　　　按式 (8.19) 评估 $f(A)$；

7.　　　**if** $f(A) > f_{\max}$ **then**

8.　　　　　$A_1 \leftarrow A; f_{\max} \leftarrow f(A)$；

9.　返回 A_1。

可见，算法 FindA$(1, \boldsymbol{P}^{*}, \Omega)$ 将迭代调用子过程 FindA$(2, \boldsymbol{P}^{*(1)}, \Omega_2)$，$\cdots$，FindA$(m,$ $\boldsymbol{P}^{*(m-1)}, \Omega_m)$，最终求得 m 个防空系统的最优配置位置 $\{A_1, A_2, \cdots, A_m\}$。设 Ω 的规模为 n'，算法的最大时间复杂度为 $O(C(n', m)O_{A^*}) = O(n'(n'-1)(n'-2)\cdots(n'-m+1)$ $O_{A^*})$，其中 O_{A^*} 表示无人机群路径规划的 A^* 算法的复杂度（不超过 $O(n^2)$）。但在实际问题中，火力覆盖范围与指定路径有交集的点的数量通常远小于 n'，且随着无人机群路径重新规划的起点越接近终点 T，路径长度越短，待检查的候选位置点也越少。

8.3.3　基于进化计算的启发式算法

上述精确优化算法适用于区域范围较小、待配置防空系统数量不多的情况。当区域范围和 m 值均较大时，精确优化算法往往需要很长的运行时间，需要提出其他求解防空系统优化配置问题的进化算法。在 n' 个候选位置中选择 m 个位置的问题可以被抽象为一个多背包问题，但按一般求解多背包问题的进化算法来求解该问题会产生大量的无效解，即随机选择或进化搜索得到的防空系统位置点无法对无人机群路径起到拦截效果。为了避免这种情况，将问题的解编码为一个长度为 m 的实数向量 $\boldsymbol{x} = (x_1, x_2, \cdots, x_m)$，其中每个分量的值均在[0, 1]范围内。解的解码过程如下：

（1）找出所有火力覆盖范围与路径 $\boldsymbol{P}^{*}$ 有交集的候选点集合，将其按与路径交点从前往后的顺序排列（即越靠近起点 S 越靠前）；

（2）设候选点集合数量为 n'_1，令 k 为最接近 $n'_1 x_1$ 的整数，取序列中第 k 个候选点作为第一个防空系统位置点 A_1；

(3) 令 $i=1$；

(4) 基于 A_i 重新规划无人机群路径 $\boldsymbol{P}^{*(i)}$；

(5) 找出所有火力覆盖范围与路径 $\boldsymbol{P}^{*(i)}$ 有交集的候选点集合，将其按与路径交点从前往后的顺序排列；

(6) 设候选点集合数量为 n'_{i+1}，令 k 为最接近 $n'_{i+1}x_{i+1}$ 的整数，取序列中第 k 个候选点作为下一个防空系统位置点 A_{i+1}；

(7) 令 $i=i+1$，当 $i>m$ 时过程停止，否则转步骤 (4)。

可见，该算法的关键思想是将每个防空系统的位置编码为其在对应无人机群路径上的拦截先后顺序，以使得位置设置与其对无人机群的拦截任务密切相关。由于采用了实数向量编码，可以使用任意求解一般连续优化问题的进化算法来进化解集。

确定编码解码方式后，就可以采用各种进化算法来求解该问题，算法先随机生成一组解作为初始种群，而后应用进化操作对解进行不断改进。由于采用的是 m 维实数向量编码，各种面向连续优化问题的进化操作大多数可以直接应用。和 8.1 节中的问题类似，对此问题也分别设计了基于 GA、PSO、EBO 和 WWO 的求解算法。

8.3.4　实验分析

选取我国若干地区，根据实际地形地貌设置自动防空系统配置范围，在每个地区上设置不同数量的敌方侦察无人机和我方自动防空系统，构造 8 个测试问题实例，基本特征如表 8.3 所示。无人机路径规划的目标函数 (8.14) 中的三个代价权重 w_H、w_R、w_S 的值分别设为 0.5、0.2、0.3。

表 8.3　自动防空系统配置问题测试实例

实例编号	区域面积/km²	航路点总数 n/个	自动防空系统总数 m/个	侦察无人机数量/架
1	37.3	29	3	4
2	37.3	29	5	8
3	71.0	75	4	6
4	71.0	75	7	12
5	167.5	208	6	8
6	167.5	208	9	16
7	892.2	1333	9	12
8	892.2	1333	13	24

对每个问题实例，首先从无人机群侦察的角度，使用 A^* 算法求得最佳路径。然后分别运行迭代精确优化算法 (记为 IA) 以及 GA、PSO、EBO 和 WWO 这四种

启发式算法对每个问题实例求解得到自动防空系统配置方案。在每个问题实例上，每种启发式算法重复 30 次，取 30 次结果的中位数来衡量其平均性能。IA 的最长运行时间设为 24h，4 种启发式算法的最长运行时间均设为 90min。

　　表 8.4 给出了计算实验结果，其中第 2 列为未考虑防空系统情况下无人机群路径的最优代价，即目标函数(8.14)的优化结果。第 3~7 列为各种算法求解自动防空系统配置的结果；为直观表示，将目标函数(8.19)值统一除以目标函数(8.14)的最优值，以体现设置自动防空系统后敌无人机群行动代价的增加幅度。在第 3~7 列，每个问题实例上的最佳解加粗表示；其他解如与最佳解存在显著性差异，则在数值左上角以上标'†'标注。从结果中可以看到，在较小规模的实例 1 和实例 2 上，所有启发式算法均取得了与 IA 相同的精确最优解，且启发式算法的计算用时远小于 IA。在其他 6 个较大规模的实例上，IA 均无法在 24h 内结束运行，说明该算法无法有效应对问题解空间的组合爆炸式增长；4 种启发式算法则进行了比较有效的求解。总体而言，PSO 算法性能最低，GA 次之，这主要是因为它们在大规模搜索空间中容易陷入局部最优。在实例 3~实例 8 这 6 个较大规模的实例上，EBO 算法在 5 个实例上取得了最佳解，WWO 算法在 1 个实例上取得了最佳解，说明 EBO 求解该问题最为有效；不过在大部分情况下，WWO 和 EBO 算法的结果之间没有显著性差异。

表 8.4　比较算法在自动防空系统配置问题测试实例上的运行结果

实例编号	$C(P^*)$	IA	GA	PSO	EBO	WWO
1	1.853	**3.616**	**3.616**	**3.616**	**3.616**	**3.616**
2	1.679	**4.909**	**4.909**	**4.909**	4.309	**4.909**
3	2.774	—	†3.680	†3.453	**3.822**	3.796
4	2.438	—	†5.050	†5.929	**5.217**	5.139
5	2.610	—	†5.255	†4.793	5.833	**5.921**
6	2.233	—	†5.838	†5.510	**7.034**	†6.777
7	3.693	—	†7.853	†7.576	**10.210**	9.945
8	3.127	—	†5.590	†5.102	**7.338**	7.121

　　此外，从结果目标函数值中可以看出，算法求得的自动防空系统配置方案起到的反制作用还是比较明显的。实例 1 使用的自动防空系统数量最少，只有 3 个，但能够使敌无人机群的行动代价增加 3.6 倍以上；在同样的地形上使用 4 个防空系统，则能够使敌方的行动代价增加到 4.9 倍。在后续实例上，随着地区范围和防空系统数量的增加，问题的复杂程度不断提高，这也使得不同解之间的差距不断变大；寻找一个较优的解，对于提高对敌无人机群侦察的反制效果至关重要。

8.4　应对敌无人机群察打的无人机对抗攻击方法

8.4.1　应对敌无人机群察打的无人机对抗攻击问题

第 7 章介绍了无人机协同察打技术,该技术正在被越来越多的国家军队重视和采用。因此,应对敌方的察打无人机群、尽可能保护我方目标,是无人机群反制的一项重要内容。对敌察打无人机群的反制,可以采用假目标干扰、电磁干扰、防空火力拦截等多种方法。但是,其中大多数方法需要较长的准备时间。而在实际应用中,敌方的无人机群察打可能具有很大的突然性和不可预测性,这大大降低了上述手段的有效性。

无人机具有高度的机动性、灵敏性、隐蔽性等优势,这使得无人机本身能够成为对抗敌无人机群的利器。当突然遭遇敌无人机群察打攻击时,我方无人机可以快速升空,向敌无人机群发起冲击,以对其进行干扰、拦截和攻击。当然,由于防御的被动性,我方用于反制的无人机数量通常会远少于敌方的察打无人机数量,需要我方无人机有重点地在敌无人机群中选择攻击对象,从而尽最大可能降低敌方任务能力。

考虑这样一个场景策略:发现一个敌方察打无人机群(数量 N 较大)正在向我方某重要区域前进,预计将在某个时间段(一般在 10～30min 之间)内突入我方区域。我方使用 N_1 架(数量较小)无人机进行快速响应,携带武器弹药升空,向敌无人机群飞行的同时展开攻击。该过程中,我方无人机也会受到敌方无人机的攻击。如果我方某架无人机未被击落但武器弹药已耗尽,则选择与敌方无人机进行对撞。通过我方无人机一系列攻击行动,打击敌无人机群中的重点对象,使得敌方整体能力削弱幅度最大。

很显然,上述策略的核心在于识别和评价敌无人机群中的重点对象。我方使用 N_1 架无人机进行对抗攻击时,就需要在敌方 N 架无人机中找出前 N_1 个最为重要的对象。这其中的难点主要在于两个方面:

(1)当数量 N 较大而 N_1 相对较大时, N 中选 N_1 是一个庞大的组合数;

(2)选择敌方某个对象进行攻击,攻击的效能即对敌无人机群能力的削弱程度很难准确评价。

为克服上述难点,本章提出一种基于机器学习的敌无人机群重点对象识别方法,通过大量模拟或实际样本来训练神经网络模型,模型输入的是敌无人机群信息,输出的是机群中的重点对象。在发现敌无人机群察打入侵时,通过模型快速分析识别其中的重点对象,并分配给我方的无人机进行攻击;在双方对抗过程中,根据敌无人机群的状态变化,可以持续进行分析识别,为我方无人机确定后续攻击目标，从而不断削弱敌无人机群的任务能力。

考虑无人机群信息的复杂性，下面主要采用两种图神经网络[11]作为敌无人机群重点对象识别的机器学习模型。

8.4.2 基于图神经网络的建模和识别方法

1. 基于空间的图卷积网络

图神经网络的核心目标是找到一个合适的嵌入层状态来包含每个节点的邻域信息。对于图中的每个节点 v，它的嵌入层状态 h_v 可表示为该节点和节点邻域信息的函数：

$$h_v = f\left(x_v, x_{\text{co}[x]}, h_{\text{ne}[v]}, x_{\text{ne}[v]}\right) \tag{8.22}$$

式中，x_v、$x_{\text{co}[x]}$、$h_{\text{ne}[v]}$ 和 $x_{\text{ne}[v]}$ 分别代表节点 v 的特征、与节点 v 相联系边的特征、节点 v 邻居节点的嵌入状态和节点 v 邻居节点的特征。

图卷积网络(graph convolution networks, GCN)[12]将卷积运算从传统数据推广到图数据，其核心思想是学习一个函数映射。图中的节点通过该映射可以聚合自己的特征和它邻居的特征并更新自己的特征。卷积方法可以分基于谱(spectral-based)和基于空间(spatial-based)两大类。基于谱的方法是从图信号处理的角度引入滤波器来定义图卷积；基于空间的方法是从节点的空间关系将图卷积表示为从邻域聚合特征信息，其处理大型图的效率通常会高于基于谱的方法。

图采样和聚合(graph sample and aggregate, GraphSAGE)方法[13]是基于空间GCN 的一个实现，它通过采样邻居和聚合邻居来生成嵌入层。在计算节点 v 的嵌入状态时，对节点的邻居进行随机采样，从而将全图训练方式简化成以节点为中心的小批量训练方式，提高了处理大规模图数据的效率。聚合操作必须满足两个条件：一是对聚合节点自适应，即不管节点的邻居节点数量怎么变，聚合操作后输出维度必须是一致的；二是聚合节点的排列不变性，即不论节点邻居的输入顺序如何变化，聚合出来的结果都是一样的。几种常用的聚合操作如下。

(1)平均聚合算子。取各个节点状态的均值：

$$h_v^l = \sigma\left(W \cdot \text{Mean}\left(\left\{h_v^{l-1}\right\} \bigcup \left\{h_u^{l-1}, \forall u \in N(v)\right\}\right)\right) \tag{8.23}$$

该聚合器不执行算法中的拼接操作。拼接操作可被认为是一种在不同搜索深度或不同层之间的跳跃连接，从结果来看，拼接操作会导致模型表现得更好。

(2)长短时记忆(long-short term memory, LSTM)聚合算子。它比平均聚合具有更大的表达能力，但 LSTM 不是固有对称的，它以顺序方式处理输入；通过对邻居节点进行随机排列，可使 LSTM 适应无序集合。

(3) 池化 (pooling) 聚合算子。它借鉴卷积神经网络 (convolutional neural network, CNN) 中的池化操作，将每个邻居节点的向量都通过全连接的神经网络独立输入，如使用最大池化聚合操作：

$$\text{Aggregate}_l^{\text{pool}} = \max_{u_i \in N(v)} \left(\sigma \left(W_{\text{pool}} h_{u_i}^l + b \right) \right) \tag{8.24}$$

算法 8.4 描述了 GraphSAGE 方法的基本过程，其中第 5 行采样函数 $N^{(k)}$ 进行邻居采样，再调用聚合操作 $\text{Agg}^{(k)}$ 完成对每个节点邻居特征的整合输出；第 6 行使用拼接操作 concat 对聚合后的邻居特征和中心节点的上一层特征进行拼接，再使用激活函数 σ 进行输出；第 7 行是归一化操作。

算法 8.4　GraphSAGE 方法过程

输入：图 $G = (V, E)$；输入特征 $\{x_v, \forall v \in V\}$；层数 K；权重矩阵 $W^{(k)}$，$\forall k \in \{1, 2, \cdots, K\}$

1.　**for each** $v \in V$ **do**

2.　　$h_v^0 \leftarrow x_v$

3.　**for** $k = 1, 2, \cdots, K$ **do**

4.　　**for each** $v \in V$ **do**

5.　　　$h_{N(v)}^k \leftarrow \text{Agg}^{(k)} \left(\left\{ h_u^{k-1}, \forall u \in N^k(v) \right\} \right)$;

6.　　　$h_v^k \leftarrow \sigma \left(W^k \cdot \text{concat} \left(h_v^{k-1}, h_{N(v)}^k \right) \right)$;

7.　　　$h_v^k \leftarrow h_v^k / \|h_v^k\|_2$, $\forall v \in V$;

8.　**for each** $v \in V$ **do**

9.　　$z_v \leftarrow h_v^K$。

GraphSAGE 方法的主要优点是利用采样方法来减少所需处理的信息量，而且模型参数的数量与图的节点个数无关，其能处理的图比一般 GCN 能处理的图要大很多。GraphSAGE 方法的主要缺点是没有区分不同邻居节点的重要性，可能会影响其学习效果。

2. 图注意力网络 GAT

针对 GraphSAGE 方法的不足，图注意力网络 (graph attention networks, GAT)[14]引入自注意力 (self-attention) 机制，在计算每个节点时，会给不同邻居节点分配不同的权值。和一般 GCN 类似，GAT 各个中间层的表示也是依次通过对前一层的聚合来计算：

$$h_v^l = \sigma\left(\sum_{j \in N_i} \boldsymbol{W}^l \times \alpha_{ij}^l \times h_{ij}^l\right) \tag{8.25}$$

但和一般 GCN 不同，其中 α_{ij}^l 为第 l 层上针对边 e_{ij} 的注意力系数，它通过注意力函数计算得到：

$$\begin{cases} e_{ij} = a(\boldsymbol{W}\boldsymbol{h}_i\boldsymbol{h}_j) \\ \alpha_{ij} = \text{softmax}_{ij}(e_{ij}) \end{cases} \tag{8.26}$$

式中，$\boldsymbol{h}_i$ 为第 i 行向量；$\boldsymbol{h}_j$ 为第 j 列向量。

在 GAT 中，不同的层可以使用不同的聚合函数 σ。此外，GAT 还使用多头（multi-head）自注意力机制来提高模型的耦合能力；设 head 的总数为 K，同时使用 K 个矩阵 $\boldsymbol{W}^{(1)}$，$\boldsymbol{W}^{(2)}$，$\cdots$，$\boldsymbol{W}^{(K)}$ 来计算自注意力，而后将这些计算结果合并起来（$\coprod$ 代表拼接操作）：

$$h_v^l = \coprod_{k=1}^{K} \sigma\left(\sum_{j \in N_i} \boldsymbol{W}^{(k)} \alpha_{ij} \boldsymbol{h}_j\right) \tag{8.27}$$

在最后的输出层，对这些计算结果的均值进行聚合：

$$h_v^l = \sigma\left(\frac{1}{K} \sum_{k=1}^{K} \sum_{j \in N_i} \boldsymbol{W}^{(k)} \alpha_{ij} \boldsymbol{h}_j\right) \tag{8.28}$$

8.4.3　实验分析

针对第 7 章介绍的无人机协同察打问题，模拟 10 个不同的战场环境，每个环境下分别设置 5 种不同的待攻击目标配置，每种配置下又分别模拟敌方 20 架、50 架和 100 架（同构）无人机的协同察打任务，共计 150 个任务场景；针对每个任务场景，按 7.2 节的协同搜索攻击任务优化模型生成无人机队形及路径，并按目标函数(7.8)计算任务性能指标。而后，针对每个任务场景，分别考虑使用 5 架和 10 架无人机进行对抗攻击，即在敌无人机群中选取 5 架或 10 架进行攻击，并对攻击后敌无人机群的任务性能指标进行重新计算；考虑到攻击效果的不确定性，同一种攻击重复模拟 50 次，取 50 次的中位数作为结果指标。通过遍历计算，对每种对抗攻击场景求得使敌方任务性能指标下降最多的攻击方案，作为对应的样本标签。

在 300 个对抗攻击样本上重复 5 次交叉验证，即将样本划分为 5 部分，每次选取 240 个样本作为训练样本，剩余 60 个作为测试样本。为进行比较，还测试了下列简单随机方法或经验选取方法：

(1)完全随机方法(记为 Random)，即完全随机选取对抗攻击目标；

(2)均分选取方法(记为 Even)，即将敌无人机群尽可能均匀地划分为 N_1 个部分，每个部分选取最靠近中心的一架作为对抗攻击目标；

(3)聚类方法(记为 Clustering)，采用 K-means 聚类将敌无人机群地划分为 N_1 个部分，每个部分选取最靠近聚类中心的一架作为对抗攻击目标。

每次测试结果细分为以下四种情况：

(1)模型输出结果与标签一致，即找到了最优攻击方案；

(2)模型输出结果与标签不同，按模型输出结果进行对抗攻击，攻击后敌无人机群的任务性能指标与标签结果的误差在 20%以内；

(3)模型输出结果与标签不同，按模型输出结果进行对抗攻击，攻击后敌无人机群的任务性能指标与标签结果的误差在 20%～50%以内；

(4)模型输出结果与标签不同，按模型输出结果进行对抗攻击，攻击后敌无人机群的任务性能指标与标签结果的误差在 50%以上。

上述 4 种结果分别记为 R_1、R_2、R_3 和 R_4，并分别计分为 100、90、60 和 20，再按下式计算每个模型在测试集上的总得分：

$$Score = \frac{1}{300}\big(100N(R_1) + 90N(R_2) + 60N(R_3) + 20N(R_4)\big) \tag{8.29}$$

式中，$N(R_i)$ 为 300 次测试中取得结果 R_i 的次数($1 \leqslant i \leqslant 4$)。

表 8.5 给出了 5 种对抗攻击方法的测试结果。从中可以看出，完全随机方法的性能最低，得到最优解的可能性只有 2.33%左右，而与最优解误差在 50%以上的可能性超过 70%，因此随机攻击的方法在实战中不可取。即使采用简单的均分选取方法，性能也会有很大提升，得到最优解的可能性上升到 10%，而与最优解误差在 50%以上的可能性降至 32%，综合评分也达到了"及格线"60 分。比起完全均匀的划分，聚类效果会更好一些，得到最优解的可能性进一步上升到了 13%。

和上述简单选取方法相比，GraphSAGE 和 GAT 这两种基于图神经网络的机器学习模型的性能有着显著的优势，不仅取得最优解和误差在 20%以内的次优解的比例都明显提高(两种情况合计可能性达到或超过 60%)，而且误差在 50%以上的可能性大幅降低至 12%～14%，这使得它们有了实战应用的潜在价值。相比较而言，采用自注意力机制的 GAT 模型性能略高于 GraphSAGE 模型性能。

表 8.5　5 种对抗攻击方法在无人机对抗攻击测试样本上的性能表现

方法	R_1	R_2	R_3	R_4	综合得分
GraphSAGE	46	122	95	37	73.40
GAT	56	136	67	41	75.60
Random	8	33	46	213	35.97
Even	27	92	85	96	60.00
Clustering	39	97	73	91	62.77

8.5　本 章 小 结

随着无人机的广泛应用，对无人机群的反制研究也越来越多。本章从三个方面出发，针对敌无人机群搜索提出了优化配置假目标的干扰方法，针对敌无人机群侦察提出了自动防空系统配置方法，针对敌无人机群察打提出了无人机对抗攻击方法，并给出了具体的求解过程和实验分析结果，是对无人机群反制领域的有益探索。

参 考 文 献

[1] 李修和, 陈永光. 假目标无人机系统的作战效能建模及模拟[J]. 电子信息对抗技术, 2004, 19(3): 32-35.

[2] Wang Y, Zhang M X, Zheng Y J. A hyper-heuristic method for UAV search planning[C]. International Conference in Swarm Intelligencer, Cham, 2017.

[3] Zheng Y, Ling H, Jiang X, et al. Anti-UAV false target setting algorithm using evolutionary optimization[R]. Hangzhou: Hangzhou Normal University, 2021.

[4] Mühlenbein H, Schlierkamp-Voosen D. Predictive models for the breeder genetic algorithm I. Continuous parameter optimization[J]. Evolutionary Computation, 1993, 1(1): 25-49.

[5] Kennedy J, Eberhart R. Particle swarm optimization[C]. Proceedings of the IEEE International Conference on Neural Networks, Perth, 1995: 1942-1948.

[6] Simon D. Biogeography-based optimization[J]. IEEE Transactions on Evolutionary Computation, 2009, 12(6): 702-713.

[7] Zheng Y J. Water wave optimization: A new nature-inspired metaheuristic[J]. Computers & Operations Research, 2015, 55: 1-11.

[8] Zheng Y J, Ling H F, Xue J Y. Ecogeography-based optimization: Enhancing biogeography-based optimization with ecogeographic barriers and differentiations[J]. Computers & Operations Research, 2014, 50: 115-127.

[9] Zheng Y J, Lu X Q, Du Y C, et al. Water wave optimization for combinatorial optimization: Design strategies and applications[J]. Applied Soft Computing, 2019, 83: 105611.

[10] 田菁. 多无人机协同侦察任务规划问题建模与优化技术研究[D]. 长沙: 国防科学技术大学, 2007.

[11] Scarselli F, Gori M, Tsoi A C, et al. The graph neural network model[J]. IEEE Transactions on Neural Networks, 2009, 20(1): 61-80.

[12] Kipf T N, Welling M. Semi-supervised classification with graph convolutional networks[C]. International Conference on Learning Representations, Toulon, 2017.

[13] Hamilton W L, Ying Z, Leskovec J. Inductive representation learning on large graphs[C]. Advances in Neural Information Processing Systems, Los Angeles, 2017: 1024-1034.

[14] Velickovic P, Cucurull G, Casanova A, et al. Graph attention networks[C]. International Conference on Learning Representations, Vancouver, 2018.